Becker/Karsten/Voßschmidt

Bevölkerungsschutz geht uns alle an

Ein Lehrbuch für Beschäftigte der öffentlichen Verwaltung

Verlag W. Kohlhammer

Umschlagbild: Uwe Becker

1. Auflage 2026

Gesamtherstellung: W. Kohlhammer GmbH, Heßbrühlstr. 69, 70565 Stuttgart
produktsicherheit@kohlhammer.de

Print:
ISBN 978-3-17-046724-8

E-Book-Formate:
pdf: ISBN 978-3-17-046726-2
epub: ISBN 978-3-17-046727-9

Vorbemerkungen

Genderhinweis

Generell ist es uns wichtig, alle Personen gleichberechtigt anzusprechen. Wir achten daher in unseren Ausführungen auf geschlechtsneutrale Formulierungen, Doppelnennungen und gegenderte Bezeichnungen, soweit sie die Lesbarkeit nicht erschweren. Dennoch wird immer dann das generische Maskulinum verwendet, wenn diese Bezeichnung so in gültigen Regelungen, wie z. B. der DIN 13050 »Begriffe im Rettungswesen« oder der Feuerwehr-Dienstvorschrift (FwDV) definiert ist. Hierzu gehören beispielsweise die Bezeichnungen Ärztlicher Leiter, Ersthelfer, Notarzt, Patient, Rettungsassistent und Truppführer. Wir möchten darauf hinweisen, dass diese Begriffe grundsätzlich für alle Geschlechter gelten und keinerlei Wertung beinhalten.

Wie Sie dieses Buch lesen sollten

Dieses Buch ist als praxisnahes Handbuch für das kommunale Krisenmanagement konzipiert. Es folgt dem typischen Ablauf von Krisenprozessen – von Prävention und Vorbereitung über die Bewältigung bis hin zur Nachbereitung und Evaluation. Jedes Kapitel kann für sich gelesen werden, ist jedoch Teil eines in sich geschlossenen Kreislaufs. So können Sie je nach Bedarf gezielt in einzelne Themen einsteigen oder das Werk von Anfang bis Ende durcharbeiten.

Damit Theorie und Praxis optimal miteinander verbunden werden, finden Sie in allen Kapiteln ergänzende Elemente:

- **Infoboxen:**
  Sie heben zentrale Begriffe, Kernaussagen oder Zusammenfassungen hervor. Die Infoboxen dienen als schnelle Orientierung und ermöglichen es, wesentliche Inhalte auf einen Blick zu erfassen. Wer wenig Zeit hat, kann sich hier kompakt über die Kernpunkte informieren.
- **Praxis-Tipps:**
  Unter dem Titel »Praxis-Tipps kompakt« werden konkrete Handlungsempfehlungen für die Verwaltung und das Krisenmanagement vorgestellt. Sie helfen dabei, abstraktes Wissen in praktische Maßnahmen zu übersetzen. Viele Tipps sind als Checklisten oder Merksätze formuliert und können unmittelbar im Arbeitsalltag genutzt werden.

Das Buch richtet sich sowohl an Führungskräfte in der Verwaltung als auch an Mitarbeitende, die im Krisenfall Verantwortung tragen. Es soll Orientierung geben, Sicherheit vermitteln und dabei unterstützen, Strukturen und Abläufe professionell vorzubereiten.

Inhaltsverzeichnis

Einleitung

In Deutschland liegt die Verantwortung für das operative Krisenmanagement in erster Linie bei den Kommunen. Daher spielen die kommunalen Behörden eine zentrale Rolle bei der Bewältigung von Krisensituationen im Land. Diese bedeutende Aufgabe ist jedoch in der breiten Öffentlichkeit kaum bekannt und wird auch von den Medien nur selten aufgegriffen. In Krisenzeiten fordern viele Menschen deshalb verstärkt das Eingreifen der Bundesregierung. Diese versucht dann häufig – teils entgegen den Vorgaben des Grundgesetzes – Einfluss auf das operative Krisenmanagement zu nehmen.

Auch in außergewöhnlichen Krisen liegt das operative Krisenmanagement zunächst bei den Kommunen. Ohne ausgerufenen Katastrophenfall sind Gemeinden für die Gefahrenabwehr zuständig, mit Ausnahme des Rettungsdienstes (Kreise).

Wird der Katastrophenfall festgestellt, übernimmt der Kreis die Leitung, während Gemeinden weiterhin für die allgemeine Gefahrenabwehr verantwortlich bleiben. Die Verantwortung trägt stets die gesamte kommunale Verwaltung, insbesondere die Verwaltungsspitze, die auch persönlich haftbar gemacht werden kann.

Es ist wichtig zu betonen, dass immer die gesamte kommunale Behörde verantwortlich ist – nicht nur einzelne Fachbereiche wie Feuerwehr, Katastrophenschutz, Gesundheits- oder Ordnungsamt. Die Verwaltungsspitze trägt dabei die Gesamtverantwortung und kann im Ernstfall auch persönlich straf- und zivilrechtlich zur Rechenschaft gezogen werden.

Je nach Bundesland kann zudem die kommunale Aufsichtsbehörde die Leitung der Gefahrenabwehrmaßnahmen übernehmen oder diese Aufgabe an eine andere Kommune übertragen.

Das kommunale Krisenmanagement umfasst sämtliche Maßnahmen, die von Behörden sowohl auf Gemeinde- als auch auf Kreisebene ergriffen werden. In kreisfreien Städten werden die Aufgaben beider Ebenen, also sowohl der Gemeinde als auch des Kreises, von der Stadt selbst übernommen.

Krisenmanagement ist ein Kreisprozess, bestehend aus:

- Prävention,
- Vorbereitung,
- Eintritt einer Krise,
- Bewältigung,
- Nachbereitung.

Dieses Lehrbuch ist entsprechend diesem Kreisprozess aufgebaut. Die Begriffe im Bereich des Bevölkerungsschutzes werden deutschlandweit nicht einheitlich verwendet. Daher ist es sinnvoll, einige besonders wichtige Begriffe im Bevölkerungsschutz vorab zu erläutern.

Heutzutage wird der Begriff »Bevölkerungsschutz« meist als übergeordnete Bezeichnung für den Katastrophenschutz und den Zivilschutz genutzt, auch wenn es hierfür keine gesetzliche Definition gibt.

Die Ständige Konferenz der Innenminister und -senatoren der Länder hat sowohl die »Feuerwehrdienstvorschrift 100« als auch die »Hinweise zur Bildung von Stäben der administrativ-organisatorischen Komponente (Verwaltungsstäbe – VwS)« zur Einführung in den Ländern empfohlen. Die 16 Bundesländer haben diese Empfehlungen auf unterschiedliche Weise umgesetzt. Im Folgenden werden die zentralen Begriffe im Zusammenhang mit Verantwortung und Führung näher erläutert.

- Die oder der **politisch Gesamtverantwortliche** (Bürgermeisterin/Bürgermeister, Oberbürgermeisterin/Oberbürgermeister, Landrätin/Landrat[1]) muss zur Gefahrenabwehr sowohl **Einsatzmaßnahmen** als auch **Verwaltungsmaßnahmen veranlassen, koordinieren und verantworten**. Die oder der politisch Gesamtverantwortliche hat administrativ-organisatorische und operativ-taktische Aufgaben zu erledigen.
- **Administrativ-organisatorische Aufgaben** sind solche, die von einer **Verwaltung** aufgrund rechtlicher Vorgaben, finanzieller Zuständigkeiten und politischer Verantwortung zu treffen sind. Beispiele sind: Grundsätzliche Entscheidungen über die Evakuierung von Wohngebieten, Maßnahmen zur Gesundheitsvorsorge, Information der Bevölkerung, Eigentumssicherung. Der oder die politisch Verantwortliche wird dabei von einer **administrativ-organisatorischen Komponente** unterstützt. Er bzw. sie sollte Aufgaben delegieren, sodass dieser Teil der Gefahrenabwehr faktisch von der administrativ-organisatorischen Komponente

1 Im ZSKG Hauptverwaltungsbeamter (HVB) genannt.

geführt wird. Die Leitung, d. h. insbesondere die Verantwortung, kann nicht delegiert werden.

- **Operativ-taktische Aufgaben** sind die Führung und die Leitung aller Einheiten der nichtpolizeilichen Gefahrenabwehr nach den entsprechenden Gesetzen der Länder. Der oder die politisch Verantwortliche wird dabei von einer **operativ-taktischen** und den dieser unterstellten **technisch-taktischen Komponenten** unterstützt. Auch hier sollten Aufgaben an die Komponente delegiert werden.

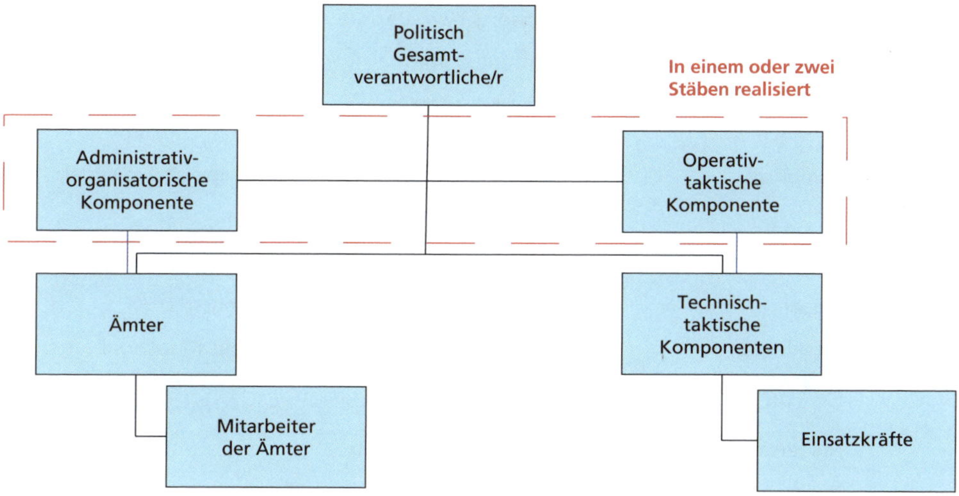

Bild 1: ***Aufbau der nichtpolizeilichen Gefahrenabwehr entsprechend der Erlasslage in Deutschland***

- Ein **Gesamtstab** ist ein Führungsgremium, in dem die **administrativ-organisatorische** und die **operativ-taktische Komponente** zusammengefügt sind (▶ Bild 1).
- Ein **Verwaltungsstab** (in einigen Bundesländern wird ein abweichender Begriff genutzt, ▶ Tabelle 1) ist ein Führungsgremium, in dem nur die **administrativ-organisatorische Komponente** vertreten ist. Ihm unterstehen alle Ämter des Kreises und der Kommune.
- Ein **Führungsstab** (andere länderspezifische Bezeichnungen finden sich in ▶ Tabelle 1) ist ein Führungsgremium, in dem nur **die operativ-taktische Komponente** vertreten ist. Die **technisch-taktische Komponente** wird mit Technische Einsatzleitung, Einsatzabschnittsleitung oder ähnlich bezeichnet und untersteht dem Führungsstab.

Tabelle 1: ***Übersicht über die länderspezifischen Bezeichnungen von Stäben***

Bundesland	Administrativ-organisatorische Komponente	Operativ-taktische Komponente
Baden-Württemberg	Verwaltungsstab	Führungsstab
Bayern	Führungsgruppe Katastrophenschutz	Örtliche Einsatzleitung
Berlin	Ressortübergreifender Krisenstab und Krisenstäbe der Ressorts bzw. Bezirke	Gemeinsame Einsatzlenkung
Brandenburg	Verwaltungsstab	Katastrophenschutzstab
Bremen	Stab der Katastrophenschutzleitung	Stab im Katastrophenschutz-Führungszentrum
Hamburg	Zentraler Katastrophenschutzstab und Regionale Katastrophendienststäbe der Bezirksämter	Führungsstab Feuerwehr
Hessen	Verwaltungsstab	Führungsstab
Mecklenburg-Vorpommern	Verwaltungsstab	Stab der Katastrophenschutzbehörde bzw. Technische Einsatzleitung
Niedersachsen	Katastrophenschutzstab	
Nordrhein-Westfalen	Krisenstab	Einsatzleitung
Rheinland-Pfalz	Verwaltungsstab	Führungsstab
Saarland	Verwaltungsstab	Führungsstab
Sachsen	Verwaltungsstab	Technische Einsatzleitung
Sachsen-Anhalt	Katastrophenschutzstab	
Schleswig-Holstein	Verwaltungsstab	Führungsstab
Thüringen	Verwaltungsstab	Führungsstab

Seit einiger Zeit werden in kreisangehörigen Gemeinden – analog zu den operativ-taktischen Technischen Einsatzleitungen, Abschnittsleitungen, örtliche Einsatzleitungen usw. – vermehrt Krisenstäbe der Verwaltung gebildet. Deren Bezeichnungen können auch von Bundesland zu Bundesland unterschiedlich ausfallen. So werden sie in NRW z. B. Stab für außergewöhnliche Ereignisse (SAE) genannt.

1 Grundlagen des Krisenmanagements

1.1 Theoretische Grundlagen

Das Krisenbewältigungssystem in Deutschland basiert auf dem Prinzip der Subsidiarität und setzt auf die Eigeninitiative sowie die gegenseitige Unterstützung der Bevölkerung (vgl. z. B. § 1 ZSKG).

Im Verlauf einer Krise entwickeln die kommunalen Behörden ihre Fähigkeiten weiter, sodass sie am Ende einer Krise in der Regel besser aufgestellt sind als zu Beginn (▶ Bild 2).

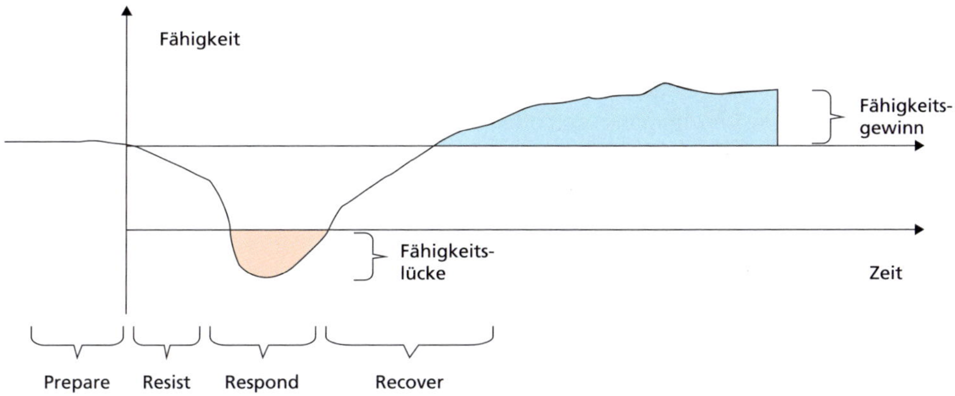

Bild 2: ***Maß der Fähigkeit einer Verwaltung im Verlauf einer Krise***

Das Krisenmanagement hat das Ziel, die bestehende Fähigkeitslücke sowohl in ihrem Umfang als auch in ihrer zeitlichen Ausdehnung möglichst gering zu halten.

In Krisensituationen müssen Entscheidungen häufig trotz unvollständiger Informationen getroffen werden. Menschen sind nur dann bereit, Unsicherheiten zu akzeptieren und Risiken einzugehen, wenn sie davon überzeugt sind, dass die Verantwortlichen ethisch handeln.

Das kommunale Krisenmanagement stellt das Wohl aller Menschen in den Mittelpunkt, die sich während einer Krise im jeweiligen Gemeindegebiet aufhalten – unabhängig von ihrem rechtlichen Aufenthaltsstatus.

Gerade in Ausnahmesituationen genügt es nicht, sich allein an Menschenrechten und dem Grundgesetz zu orientieren. Die Bevölkerung muss auch subjektiv das Gefühl haben, dass die Entscheidungsträger in den Kommunen ethisch korrekt handeln:

- Sie treffen faire Entscheidungen, ohne jemanden zu bevorzugen – unabhängig von Nationalität, Geschlecht, sozialem Status, Herkunft oder Religion.
- Sie handeln solidarisch und beanspruchen Sonderrechte nur aus triftigen Gründen.
- Ihr Verhalten stärkt das Vertrauen der Betroffenen.
- Sie agieren transparent und erklären ihre Entscheidungen nachvollziehbar.
- Sie übernehmen Verantwortung für ihr Handeln.
- Sie sind unbestechlich.
- Sie lernen aus Fehlern, die während der Krise auftreten.
- Ihr Handeln ist vernünftig und rational.
- Sie kommunizieren offen und stellen sicher, dass Informationen nicht nur bestimmten Gruppen zugänglich sind.

Nach den Prinzipien von Jeremy Bentham (1789)[2] und John Stuart Mill (1863)[3] sollten Verantwortliche stets darauf abzielen, das größtmögliche Wohl für die größtmögliche Zahl an Menschen zu erreichen.

Verantwortung der politisch gesamtverantwortlichen Person

In Deutschland liegt die Verantwortung für die operative Gefahrenabwehr in der Regel bei den Kommunen. Dies gilt auch in außergewöhnlichen Situationen wie Pandemien, nuklearen Unfällen oder im Verteidigungsfall. Dabei sind zwei Szenarien zu unterscheiden:

Solange der Katastrophenfall nicht von der Landrätin oder dem Landrat ausgerufen wurde, obliegt die Gefahrenabwehr den Gemeinden, Städten und Ämtern. Grundlage hierfür sind die jeweiligen Brandschutz- sowie Sicherheits- und Ordnungsbehördengesetze. Eine Ausnahme bilden Notfälle im Rettungsdienst, für die die Kreise zuständig sind.

---

2 Bentham, Jeremy: An Introduction to the Principles of Morals and Legislation, 1789.

3 Mill, John Stuart: Utilitarianism, 1863.

Wird jedoch der Katastrophenfall festgestellt, geht die Zuständigkeit für die Gefahrenabwehr gemäß dem jeweiligen Katastrophenschutzgesetz auf den Kreis über.

Es ist wichtig zu betonen, dass immer die gesamte kommunale Behörde verantwortlich ist – nicht nur einzelne Fachbereiche wie Feuerwehr, Katastrophenschutz, Gesundheits- oder Ordnungsamt. Die Verwaltungsspitze trägt dabei die Gesamtverantwortung und kann im Ernstfall auch persönlich straf- und zivilrechtlich zur Rechenschaft gezogen werden.

Je nach Bundesland kann zudem die kommunale Aufsichtsbehörde die Leitung der Gefahrenabwehrmaßnahmen übernehmen oder diese Aufgabe an eine andere Kommune übertragen.

Der Bund unterstützt mit seinen Ressourcen den Katastrophenschutz der Länder (genannt Katastrophenhilfe). Den grundsätzlichen Aufbau des deutschen Bevölkerungsschutzes zeigt ▶ Bild 3.

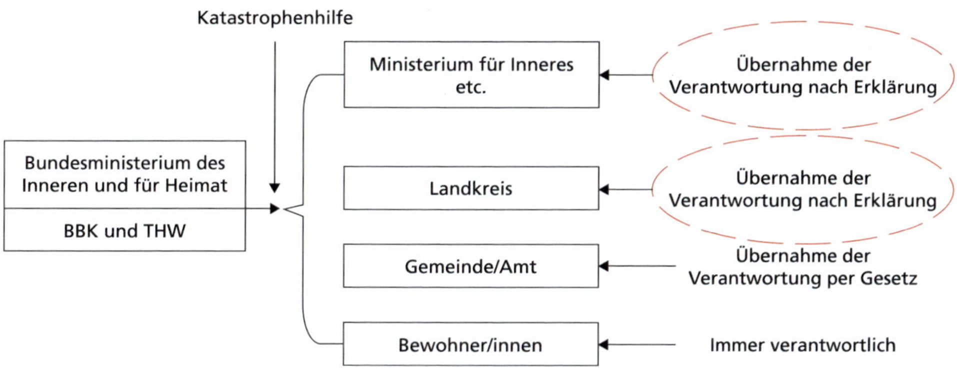

Bild 3: ***Grundsätzlicher Aufbau des deutschen Bevölkerungsschutzes***

1.1.1 Infobox: Theoretische Grundlagen des Krisenmanagements in Deutschland

Tabelle 2: ***Theoretische Grundlagen***

Thema	Kernaussagen
Subsidiaritätsprinzip	Krisenbewältigung beruht auf Eigeninitiative und gegenseitiger Unterstützung (§ 1 ZSKG).
Altruismus vs. Egoismus	▪ Hilfsbereitschaft sichtbar: Flüchtlingskrise 2015, Covid-19, Flut im Ahrtal 2021 ▪ Verhalten situationsabhängig: Mischung aus altruistisch und egoistisch ▪ Soziale Randgruppen erfahren oft weniger Solidarität
Lernprozesse	Kommunale Behörden verbessern ihre Fähigkeiten im Krisenverlauf. → Die Fähigkeitslücke soll klein bleiben.
Ethisches Handeln	▪ Faire Entscheidungen, keine Diskriminierung ▪ Solidarisch, transparent, unbestechlich ▪ Verantwortung übernehmen und aus Fehlern lernen ▪ Offene Kommunikation für alle ▪ Orientierung am Utilitarismus (größtmögliches Wohl für größtmögliche Zahl)
Beispiel Impfpriorisierung Covid-19	Vorrang: Gesundheitswesen → Risikogruppen → Pflegeheime → systemrelevante Berufe → übrige Bevölkerung Ziel: Schutz der Gefährdeten und Sicherung Kritischer Infrastrukturen
Verantwortungsebene	▪ Normalfall: Gefahrenabwehr bei Gemeinden/Städten/Ämtern ▪ Katastrophenfall: Zuständigkeit beim Kreis ▪ Gesamtverantwortung bei der Verwaltungsspitze ▪ Bund unterstützt mit Ressourcen (»Katastrophenhilfe«)

1.1.2 Praxis-Tipps kompakt: Theoretische Grundlagen des Krisenmanagements in Deutschland

- **Subsidiarität zuerst:** Eigen- und Nachbarschaftshilfe aktivieren, Spontanhelfende einbinden.
- **Altruismus nutzen, Egoismus einkalkulieren:** Vulnerable Gruppen proaktiv adressieren.
- **Fähigkeitslücke klein halten:** Fünf Minimalfunktionen definieren und früh absichern (vgl. Business Continuity Management).
- **Offline bleibt König:** Analoge Notfallordner, Ausweichstandorte, Ersatzkommunikation parat haben.
- **Ethik leitet Entscheidungen:** Fair, transparent, begründet, unbestechlich – Fehler offen korrigieren.
- **One Message:** Einheitliche Botschaften, einfache Sprache, Freigabeprozess festlegen.
- **Mehrsprachig denken:** Kerninfos in Leichter Sprache und in relevanten Sprachen vorhalten.
- **Zuständigkeiten klar:** Normalfall Kommune, Katastrophenfall Kreis – Wechsel dokumentieren.
- **Leitung trägt Gesamtverantwortung:** Rechtsberatung in den Stab, lückenlos dokumentieren.
- **KRITIS im Blick:** Kontakte zu Versorgern testen, Prioritäten für Schutz/Personal festlegen.
- **Schnellstart-Set:** Ruf-/Vertretungslisten, Darksite, Pressetexte, Lageboard – heute prüfen.
- **Frühindikatoren messen:** Erstmeldung < 30 Minuten, erstes Lagebild < 2 Stunden, Erreichbarkeit > 95 %.
- **Üben in klein:** Mini-Übungen statt Großevent – Hauptabläufe regelmäßig testen.
- **Nachhaltig lernen:** Jede Lage evaluieren, To-dos mit Fristen ins Verbesserungsboard.
- **7-Tage-Kick-off:** Rollen fixieren, Mini-Alarmierung, Ethikleitlinien kommunizieren, mehrsprachige Infos veröffentlichen, Reviews.

1.2 Rechtliche Rahmenbedingungen

1.2.1 Einführung

Ein wirksames Krisenmanagement auf Ebene der Landkreise und kreisfreien Städte setzt fundierte Kenntnisse der einschlägigen rechtlichen Grundlagen voraus. Rechtliche Rahmenbedingungen bestimmen Zuständigkeiten, Handlungsoptionen und Grenzen der Verwaltung im Krisenfall. Ziel dieses Kapitels ist es, die wesentlichen Rechtsquellen, deren Bedeutung für das kommunale Krisenmanagement sowie deren praktische Anwendung darzustellen.

1.2.2 Normenhierarchie und Bedeutung für das Krisenmanagement

1.2.2.1 Grundgesetz (GG)

Das Grundgesetz als oberste Rechtsnorm regelt u. a. den Schutz von Grundrechten sowie föderale Zuständigkeiten. Im Krisenfall kollidieren Maßnahmen (z. B. Ausgangssperren, Versammlungsverbote) häufig mit Grundrechten – etwa auf Freiheit der Person (Art. 2 GG) oder Versammlungsfreiheit (Art. 8 GG).

Wichtig:

Einschränkungen sind nur zulässig, wenn ein Gesetz dies erlaubt und verhältnismäßig umgesetzt wird.

In den Ordnungs-, Brandschutz- und Katastrophenschutzgesetzen der Länder finden sich regelmäßig Regelungen zur Einschränkung von Grundrechten.

1.2.2.2 Landesrecht und kommunale Selbstverwaltung

Die Länder regeln den Katastrophenschutz eigenständig durch Landeskatastrophenschutzgesetze. Landkreise und kreisfreie Städte sind, ausgenommen den von Stadtstaaten, untere Katastrophenschutzbehörden. Die kommunale Selbstverwaltung (Art. 28 GG) gewährt ihnen Handlungsspielräume, z. B. bei Evakuierungen oder Alarmierungsplänen. In besonderen Fällen können Mittelbehörden und die Landesebene die Führung übernehmen. In der Ahrtalkatastrophe beispielsweise war der

Kreis nur wenige Stunden untere Katastrophenschutzbehörde. Innenministerium und ADD haben übernommen. Der Landrat hat gerade nicht gehandelt, da er der Ansicht war, die Aufgabe sei endgültig delegiert.

1.2.3 Zentrale gesetzliche Grundlagen für das Verwaltungshandeln im Krisenfall

Effektives Krisenmanagement setzt eine klare rechtliche Basis voraus. In Deutschland ist das Krisen- und Katastrophenmanagement föderal organisiert, mit Zuständigkeiten auf kommunaler, Landes- und Bundesebene. Die wichtigsten Regelungswerke bilden die Brand-, Rettungsdienst- und Katastrophenschutzgesetze der Länder. Das Zivilschutz- und Katastrophenhilfegesetz (ZSKG) regelt darüber hinaus die Zuständigkeiten des Bundes und der Länder unter anderem im Verteidigungsfall. Hinzu kommen ergänzende Vorschriften etwa im Polizei- oder Baurecht, sowie ressortspezifische Sondergesetze, wie beispielsweise das Infektionsschutzgesetz (IfSG).

1.2.3.1 Katastrophenschutzgesetze der Länder

Rechtsgrundlage und Inhalt
Die Katastrophenschutzgesetze der Bundesländer regeln die Organisation und Durchführung des Katastrophenschutzes. Dabei definieren sie:

- den Begriff der Katastrophe,
- die Zuständigkeiten (z. B. untere Katastrophenschutzbehörden auf kommunaler Ebene),
- die Befugnisse im Ereignisfall (z. B. Evakuierung, Beschlagnahme, Betretungsrechte),
- die Rolle von Einsatzkräften und Hilfsorganisationen.

Beispiele aus der Praxis:

- **Sturmtief »Sabine« 2020:** In mehreren Ländern (z. B. Bayern, Hessen) wurde Katastrophenalarm ausgelöst. Schulschließungen, Verkehrslenkung und Hilfe durch das THW erfolgten auf gesetzlicher Grundlage der Landeskatastrophenschutzgesetze.
- **Hochwasserkatastrophe Ahrtal 2021:** In Rheinland-Pfalz und NRW wurden großflächige Katastrophenlagen ausgerufen. Die Landräte handelten als Leiter der unteren Katastrophenschutzbehörden.

Einige landesrechtliche Grundlagen:

- **Nordrhein-Westfalen:** § 1 BHKG NRW definiert eine Katastrophe als ein »Ereignis, bei dem Leben, Gesundheit oder erhebliche Sachwerte in ungewöhnlichem Umfang gefährdet sind und eine koordinierte Gefahrenabwehr erforderlich ist.«
  § 10 BHKG ermächtigt die Behörden zur Anordnung von Maßnahmen, wenn Gefahr im Verzug ist – z. B. Evakuierungen, Absperrungen oder Technische Hilfeleistungen.
- **Bayern:** Gesetz über den Katastrophenschutz (BayKSG),
- **Niedersachsen:** NKatSG (Niedersächsisches Katastrophenschutzgesetz),
- **Hessen:** HBKG (Hessisches Brand- und Katastrophenschutzgesetz).

Rechtliche Kommentierung
Die Gesetze erlauben auch erhebliche Grundrechtseingriffe, z. B.:

- Einschränkungen der Freiheit der Person (Art. 2 GG),
- Eigentumseingriffe (Art. 14 GG),
- Eingriffe in die Unverletzlichkeit der Wohnung (Art. 13 GG).

Diese Eingriffe sind jedoch nur unter strikter Beachtung der Verhältnismäßigkeit zulässig (vgl. BVerfG, Beschluss vom 10.06.2009 – 2 BvR 1015/09).

1.2.3.2 Infektionsschutzgesetz (IfSG)

Zweck und Anwendungsbereich
Das IfSG regelt die Bekämpfung und Verhütung übertragbarer Krankheiten beim Menschen. Es bildet die zentrale Rechtsgrundlage für staatliche Maßnahmen bei biologischen Gefahrenlagen – insbesondere bei Epidemien oder Pandemien.

Wichtige Paragrafen

- **§ 28 a IfSG**: Regelt Schutzmaßnahmen bei epidemischer Lage (z. B. Kontaktbeschränkungen, Betriebsuntersagungen, Ausgangsbeschränkungen). Dieser Paragraph wurde durch das Gesetz zum Schutz der Bevölkerung bei einer epidemischen Lage nationaler Tragweite (2020) eingeführt.
- **§ 16 IfSG**: Erlaubt präventive Maßnahmen zur Verhütung von Infektionskrankheiten, auch ohne konkreten Krankheitsfall.

- **§ 28 IfSG**: Ermöglicht Maßnahmen zur Verhinderung der Weiterverbreitung – einschließlich Quarantäne, Schließung von Gemeinschaftseinrichtungen oder Veranstaltungsverboten.

Zuständige Behörden

- Lokale und kreisliche Gesundheitsämter sind die primär zuständigen Behörden.
- Kreise und kreisfreie Städte koordinieren übergreifend.
- Landesbehörden und das Robert Koch-Institut (RKI) übernehmen beratende und überwachende Funktionen.

Fallbeispiel
COVID-19-Pandemie: Fast alle Maßnahmen zur Pandemiebekämpfung – von Schulschließungen über Testpflichten bis hin zur Impfpriorisierung – stützten sich auf das IfSG. Der Bund konnte durch Feststellung einer »epidemischen Lage nationaler Tragweite« (bis November 2021) zusätzliche Eingriffsrechte wahrnehmen.

Rechtliche Bewertung
Das BVerfG bestätigte mehrfach die Verfassungsmäßigkeit zentraler Schutzmaßnahmen, betonte jedoch die Notwendigkeit klarer gesetzlicher Grundlagen und zeitlicher Begrenzungen (BVerfG, Beschluss vom 10.02.2022 – 1 BvR 2649/21).

1.2.3.3 Zivilschutz- und Katastrophenhilfegesetz (ZSKG)

Bundesrechtlicher Rahmen
Das ZSKG regelt den **Zivilschutz** im Verteidigungsfall sowie die Unterstützung der Länder bei Naturkatastrophen und schweren Unglücksfällen (»Katastrophenhilfe«). Es ist die zentrale Rechtsgrundlage für die Zusammenarbeit von Bund und Ländern in länderübergreifenden Krisen.

Wesentliche Inhalte

- Zuständigkeit des Bundes für den Schutz der Bevölkerung im Verteidigungsfall (§ 1 ZSKG),
- Bereitstellung von Ressourcen und Einrichtungen für die Katastrophenhilfe (§ 13 ZSKG),
- Einbindung der Bundesanstalt Technisches Hilfswerk (THW) und der Bundeswehr im Rahmen der Amtshilfe.

Ergänzende Vorschriften

- § 35 Abs. 2 und Abs. 3 GG (Amtshilfe bei Naturkatastrophen),
- Katastrophenschutzrichtlinie des Bundes (2019).

Rechtliche Kommentierung

Die Grenze zur hoheitlichen Gefahrenabwehr der Länder darf nicht überschritten werden. Der Bund kann unterstützen, nicht jedoch selbstständig eingreifen, solange kein Spannungs-, Zustimmungs- oder Verteidigungsfall vorliegt. Die Subsidiarität der Bundeskompetenz bleibt zentral (vgl. Art. 70 GG – Kompetenzverteilung).

Fazit und Praxisempfehlung

Ein effektives Krisenmanagement beruht auf dem Zusammenspiel von Bundes- und Landesrecht. Verwaltungen sollten:

- die einschlägigen Gesetze kennen und interne Handlungsanleitungen darauf abstimmen,
- regelmäßige Schulungen durchführen (z. B. zur Anwendung von § 28 a IfSG oder § 10 BHKG),
- interkommunale Kooperationsvereinbarungen prüfen oder vorbereiten,
- Schnittstellen zu Bundesressourcen (THW, RKI, BBK) proaktiv etablieren.

Quellen und Rechtsgrundlagen (Auswahl)

- BHKG NRW – Gesetz über den Brandschutz, die Hilfeleistung und den Katastrophenschutz,
- LKatSG M-V, HBKG, NKatSG – Katastrophenschutzgesetze weiterer Länder,
- Infektionsschutzgesetz (IfSG), insbesondere §§ 16, 28, 28 a,
- Zivilschutz- und Katastrophenhilfegesetz (ZSKG),
- Grundgesetz (GG), insbesondere Art. 35, Art. 70,
- BVerfG, Beschluss vom 10.02.2022 – 1 BvR 2649/21,
- BVerwG, Urteil vom 25.01.2012 – 6 C 10.11.

1.2.4 Besondere Rechtsinstrumente für den Krisenfall

In Krisensituationen wie Naturkatastrophen, Pandemien oder sicherheitsrelevanten Ereignissen müssen Behörden rasch, flexibel und rechtssicher handeln. Die folgenden Rechtsinstrumente ermöglichen eine koordinierte und wirksame Krisenreaktion:

1.2.4.1 Allgemeinverfügungen

Rechtlicher Rahmen

Gemäß § 35 Satz 2 Verwaltungsverfahrensgesetz (VwVfG) handelt es sich bei Allgemeinverfügungen um einen Verwaltungsakt, »der sich an einen nach allgemeinen Merkmalen bestimmten oder bestimmbaren Personenkreis richtet«. Sie dienen insbesondere der schnellen Umsetzung von Maßnahmen, wenn individuelle Bescheide zeitlich oder praktisch nicht durchführbar wären.

Beispiele

- **COVID-19-Pandemie:** Die Bundesländer erließen ab März 2020 zahlreiche Allgemeinverfügungen zur Einschränkung sozialer Kontakte, zur Maskenpflicht oder zum Verbot von Großveranstaltungen. Beispiel: Allgemeinverfügung der Stadt Köln vom 14.03.2020 zur Schließung öffentlicher Einrichtungen.
- **Tierseuchenrecht:** Im Fall der Afrikanischen Schweinepest wurden Allgemeinverfügungen zur Einrichtung von Sperrzonen und zur Keulung betroffener Tierbestände erlassen (§ 38 TierGesG).

Rechtsprechung und Kontrolle

- Die Verwaltungsgerichte prüfen Allgemeinverfügungen auf ihre Vereinbarkeit mit dem Verhältnismäßigkeitsprinzip und der Rechtsstaatlichkeit. Beispiel: Verwaltungsgericht Hamburg (Beschluss vom 24.04.2020 – 14 E 1635/20) zur Unverhältnismäßigkeit einer pauschalen Schließung von Einzelhandelsgeschäften.
- Auch bei »unbestimmten Adressatenkreisen« ist eine klare und hinreichend bestimmte Regelung notwendig, wie das Bundesverwaltungsgericht betont (BVerwG, Urteil vom 12.12.2002 – 3 C 50.01).

1.2.4.2 Notverordnungen und Eilmaßnahmen

Rechtlicher Rahmen

Die Befugnis zu Eilmaßnahmen ergibt sich je nach Lage aus:

- Spezialgesetzen (z. B. § 28 ff. Infektionsschutzgesetz – IfSG),
- Polizeigesetzen der Länder (z. B. Art. 11 BayPAG – Gefahrenabwehr durch unmittelbare Ausführung),

- Landeskatastrophenschutzgesetzen (z. B. § 34 Abs. 2 BHKG NRW).

Aktuelle Bezüge

- **Ahrtal-Flut 2021 (NRW/Rheinland-Pfalz):** In den besonders betroffenen Regionen wurden Maßnahmen zur Evakuierung, Versorgung und Infrastrukturabsicherung unmittelbar durch Katastrophenschutzbehörden angeordnet – häufig auf Grundlage des jeweiligen Katastrophenschutzgesetzes.
- **Ukraine-Krieg 2022/23:** Eilmaßnahmen zur Aufnahme, Unterbringung und Versorgung Geflüchteter erfolgten auf Grundlage des Aufenthaltsgesetzes (§ 24 AufenthG – vorübergehender Schutz) sowie durch Ad-hoc-Entscheidungen der Länder und Kommunen.

Rechtliche Kommentierung

- Der **Verhältnismäßigkeitsgrundsatz** ist Kernbestand jeder Sofortmaßnahme. Selbst in akuter Not darf eine Maßnahme nicht weiter gehen als nötig (vgl. BVerfG, Beschluss v. 19.11.2015 – 1 BvR 2569/13).
- Auch unter Zeitdruck ist eine schriftliche Dokumentation der Entscheidungsgrundlagen wesentlich für spätere Kontrollen oder gerichtliche Überprüfungen (vgl. § 39 VwVfG – Begründungspflicht).

1.2.4.3 Amtshilfe und überörtliche Zusammenarbeit

Verfassungsrechtliche Grundlage

- Art. 35 Abs. 1 GG verpflichtet alle Behörden zur Amtshilfe. Dies umfasst auch die Verpflichtung zur Unterstützung bei hoheitlichem Handeln (vgl. BVerwG, Urteil v. 25.01.2012 – 6 C 10.11).
- In besonderen Lagen greift Art. 35 Abs. 2–3 GG, insbesondere bei Naturkatastrophen oder schweren Unglücksfällen.

Beispiele für Amtshilfe

- **Flüchtlingskrise 2015/16:** Länder und Kommunen koordinierten im Wege der Amtshilfe die Unterbringung und Versorgung Geflüchteter. Das THW und die Bundeswehr stellten logistische Hilfe bereit.
- **COVID-19-Impfkampagne:** Bundeswehrsoldaten unterstützten Gesundheitsämter bei der Kontaktnachverfolgung und bei mobilen Impf-

aktionen. Grundlage: Amtshilfeersuchen gemäß Art. 35 GG in Verbindung mit § 4 a BHO.
- **Ahrtal-Flut 2021:** Mehrere Bundesländer schickten Feuerwehr- und THW-Einheiten zur Unterstützung nach Rheinland-Pfalz – Koordination über das Gemeinsame Melde- und Lagezentrum (GMLZ) des Bundes.

Kooperation über kommunale Grenzen hinweg
- In vielen Bundesländern sind landesrechtlich **regionale Krisenstäbe** vorgesehen, etwa durch § 11 BHKG NRW oder § 5 BayKSG (Bayern).
- Zweckverbände oder interkommunale Zusammenarbeit erleichtern die Beschaffung und Verteilung von Ressourcen im Krisenfall (§§ 1–3 GkZ – Gesetz über kommunale Gemeinschaftsarbeit).

Zusammenfassende Bewertung

Die rechtlichen Instrumente ermöglichen ein schnelles, effektives und dennoch rechtlich kontrolliertes Verwaltungshandeln in Krisenlagen. Der entscheidende Maßstab bleibt stets **Verhältnismäßigkeit und Rechtsstaatlichkeit** des Verwaltungshandelns. Eine **gute Vorbereitung** (z. B. durch Erlass vorformulierter Muster-Allgemeinverfügungen oder länderübergreifender Kooperationsabkommen) ist entscheidend für die Handlungsfähigkeit der Verwaltung im Ernstfall.

Quellen
- Verwaltungsverfahrensgesetz (VwVfG), § 35, § 39,
- Grundgesetz (GG), Art. 35,
- Infektionsschutzgesetz (IfSG), §§ 28 ff.,
- Aufenthaltsgesetz (AufenthG), § 24,
- BHKG NRW – Gesetz über den Brandschutz, die Hilfeleistung und den Katastrophenschutz,
- BVerwG, Urteil vom 12.12.2002 – 3 C 50.01,
- BVerfG, Beschluss vom 19.11.2015 – 1 BvR 2569/13,
- Verwaltungsgericht Hamburg, Beschluss vom 24.04.2020 – 14 E 1635/20.

1.2.5 Datenschutz und Informationspflicht im Krisenmanagement

Auch in Krisenzeiten bleibt das Verwaltungshandeln an die verfassungsrechtlichen und datenschutzrechtlichen Rahmenbedingungen gebunden. Besonders heikel ist der Umgang mit personenbezogenen Daten – etwa im Gesundheits- oder Katastrophenschutz – sowie die Kommunikation gegenüber der Öffentlichkeit. Verwaltungshandeln muss auch unter Zeitdruck rechtskonform, nachvollziehbar und transparent erfolgen.

1.2.5.1 Datenschutz im Krisenmanagement

Grundsatz

Die Datenschutz-Grundverordnung (DSGVO) und nationale Datenschutzgesetze gelten **uneingeschränkt** auch in Ausnahmesituationen. Gleichwohl **ermöglichen sie eine rechtmäßige Datenverarbeitung**, wenn diese zur Wahrnehmung öffentlicher Aufgaben im Krisenfall erforderlich ist.

Rechtsgrundlagen

- **Art. 6 Abs. 1 lit. e DSGVO**: Die Verarbeitung ist rechtmäßig, wenn sie zur Wahrnehmung einer Aufgabe erforderlich ist, die im öffentlichen Interesse liegt.
- **Art. 9 Abs. 2 lit. g und i DSGVO**: Gesundheitsdaten dürfen verarbeitet werden, wenn dies aus Gründen des öffentlichen Interesses im Bereich der öffentlichen Gesundheit erforderlich ist (z. B.: Erlaubnisnorm § 17 ZSKG).
- **§ 4 Landesdatenschutzgesetze (z. B. LDSG NRW)**: Es gibt eine Spezifizierung für die öffentliche Verwaltung in den Bundesländern – erlaubt ist die Datenverarbeitung zur Aufgabenerfüllung.

Beispiele

- **Evakuierung gefährdeter Personen:** Behörden dürfen zur Organisation von Transport, Unterkunft und medizinischer Betreuung Namen, Adressen, Gesundheitsdaten oder Mobilitätsdaten verarbeiten.
- **COVID-19-Kontaktnachverfolgung:** Gesundheitsämter erfassten und übermittelten Kontakt- und Gesundheitsdaten zur Pandemiebekämpfung.

Rechtliche Anforderungen

- **Datensparsamkeit:** Nur notwendige Daten dürfen erhoben werden (Art. 5 Abs. 1 lit. c DSGVO – Datenminimierung).
- **Zweckbindung:** Keine Weiterverwendung zu anderen als den ursprünglich vorgesehenen Zwecken (Art. 5 Abs. 1 lit. b DSGVO).

- **Informationspflichten und Dokumentation:** Betroffene sind – soweit möglich – zu informieren. Die Verarbeitung ist zu dokumentieren (Art. 30 DSGVO – Verzeichnis von Verarbeitungstätigkeiten).

Risiken und Empfehlungen

- **Verstoß gegen Datenschutzauflagen** kann zu Vertrauensverlust, Bußgeldern und rechtlichen Auseinandersetzungen führen.
- Verwaltungseinrichtungen sollten über **Datenschutz-Notfallpläne** verfügen und Datenschutzbeauftragte in Krisenstäbe einbinden.

1.2.5.2 Informationspflicht gegenüber der Öffentlichkeit

Grundsatz

Auch im Krisenfall gilt das Prinzip der **staatlichen Transparenzpflicht**. Öffentlichkeitsarbeit ist keine Kür, sondern Pflichtaufgabe. Die rechtzeitige, klare und einheitliche Information der Bevölkerung kann entscheidend zur Gefahrenabwehr beitragen und ist rechtlich geboten.

Rechtsgrundlagen

- **Landeskatastrophenschutzgesetze**: Informationspflicht der Katastrophenschutzbehörden (z. B. § 24 BHKG NRW).
- **Informationsfreiheitsgesetze (IFG)**: Grundsatz der Öffentlichkeit von Verwaltungshandeln (z. B. § 1 IFG Bund, IFG der Länder).
- **Grundgesetz (GG):** Die Informationsfreiheit der Bürger (Art. 5 Abs. 1 GG) verpflichtet Behörden zur aktiven Information, sofern keine überwiegenden Schutzgüter entgegenstehen.
- **Gesetz über den Zivilschutz (ZSKG)**: Pflicht zur Warnung und Information der Bevölkerung (§ 10 ZSKG).

Verantwortungsträger

- Die **Informationshoheit** liegt bei der zuständigen Katastrophenschutzbehörde – meist Landrat oder Oberbürgermeister.
- Bei überörtlichen Lagen übernehmen Landesregierungen oder Bundesbehörden (z. B. Bundesministerium des Innern).

Beispiele

- **Corona-Pressekonferenzen:** Bund und Länder informierten regelmäßig via Live-Übertragungen – Vorbild für koordinierte Krisenkommunikation.
- **Unwetterwarnungen via Warn-Apps:** Push-Nachrichten durch NINA oder KATWARN mit Verhaltenstipps und Gefahrenhinweisen.
- **Kommunikationspannen:** Beim Hochwasser 2021 wurden Behörden für verspätete oder unklare Warnungen kritisiert – u. a. durch den Bundesrechnungshof und Untersuchungsausschüsse.

Empfehlungen für die Praxis

- Einrichtung eines professionellen **Krisenkommunikations-Teams** mit klarer Sprecherregelung.
- Nutzung moderner **Informationskanäle**: Social Media, lokale Medien, Warn-Apps, Bürgertelefone.
- Frühzeitige Einbindung von Pressestellen, Datenschutzbeauftragten und Rechtsexperten.

Rechtliche Kommentierung

- Die Pflicht zur Information besteht **auch dann**, wenn noch nicht alle Daten gesichert sind – dies folgt aus dem Gebot der Gefahrenabwehr und Fürsorgepflicht.
- Fehlinformation oder Intransparenz kann zu Haftungsfragen führen (Organisationsverschulden, z. B. BVerwG, Urteil vom 06.08.1998 – 3 C 28.97 zur Warnpflicht bei Hochwasser).

Fazit

Datenschutz und Informationspflicht sind zwei Seiten derselben Medaille im Krisenmanagement. Eine transparente, rechtskonforme und gut vorbereitete Verwaltung kann Krisen kommunikativ souverän meistern – ohne gegen Grundrechte zu verstoßen. Gleichzeitig muss sichergestellt sein, dass sensible Daten nur dort verarbeitet werden, wo sie wirklich erforderlich sind.

1.2.6 Rechtliche Verantwortung von Verwaltungsmitarbeitenden im Krisenfall

Auch in Krisenlagen gilt: Verwaltungshandeln muss rechtsstaatlich und pflichtgemäß erfolgen. Die Verantwortung von Verwaltungsmitarbeitenden umfasst dabei sowohl dienstrechtliche als auch straf- und zivilrechtliche Dimensionen. Der Ausnahmezustand entbindet nicht von der Einhaltung der geltenden Gesetze – im Gegenteil: Die **Sensibilität der Maßnahmen** erfordert besonders sorgfältiges und nachvollziehbares Handeln.

1.2.6.1 Dienstrechtliche Verantwortung

Grundsatz

Beamtinnen und Beamte sowie Angestellte im öffentlichen Dienst unterliegen den Regeln des **Dienstrechts**, das sich aus dem Beamtenrecht (Bund/Länder) bzw. dem Tarifrecht (TVöD, TV-L) ergibt. Sie sind verpflichtet, ihre dienstlichen Aufgaben sorgfältig, gesetzestreu und im Rahmen der ihnen übertragenen Zuständigkeiten zu erfüllen.

Rechtsgrundlagen

- **Beamtengesetze des Bundes und der Länder** (z. B. § 34 BeamtStG – Pflicht zur Gesetzestreue),
- **Disziplinarrecht:** Bundesdisziplinargesetz (BDG) oder Landesdisziplinargesetze,
- **Tarifrecht:** Tarifvertrag für den öffentlichen Dienst (TVöD), insbesondere § 3 – Pflichten aus dem Arbeitsverhältnis.

Mögliche dienstrechtliche Konsequenzen

- **Verweis oder Geldbuße** bei Verstoß gegen Dienstpflichten,
- **Degradierung oder Entfernung aus dem Dienst** bei schwerem Pflichtverstoß,
- **Abmahnung, Versetzung oder Kündigung** bei Tarifbeschäftigten.

Beispiele

- **Fehlerhafte oder verspätete Evakuierung:** Wenn ein Amtsleiter trotz eindeutiger Wetterwarnung keine Maßnahmen einleitet und Menschen zu Schaden kommen, kann dies eine grobe Pflichtverletzung darstellen.
- **Missachtung von Weisungen oder Kommunikationspflichten:** Unterlassene Weitergabe wichtiger Gefahreninformationen innerhalb der Verwaltungskette kann disziplinarische Maßnahmen nach sich ziehen.

Rechtliche Kommentierung

- Dienstpflichten gelten auch in der Krise vollumfänglich. Nur das sog. **»pflichtgemäße Ermessen«** kann im Lichte der Ausnahmesituation ausgeweitet werden (vgl. BVerwG, Urteil vom 28.11.1985 – 2 C 34.84).
- Besonders wichtig ist eine **sorgfältige Dokumentation** des Verwaltungshandelns (z. B. Einsatzprotokolle, Entscheidungsvermerke), um Nachvollziehbarkeit und Entlastung im Nachgang zu ermöglichen.

1.2.6.2 Straf- und zivilrechtliche Haftung

Strafrechtliche Verantwortung

Auch öffentlich Bedienstete können strafrechtlich zur Verantwortung gezogen werden, insbesondere bei:

- **Fahrlässigkeit** (§ 222, § 229 StGB – fahrlässige Tötung/Körperverletzung),
- **Rechtswidriger Unterlassung** (§ 13 StGB – Garantenstellung),
- **Amtsmissbrauch/Rechtsbeugung** (§ 339 StGB).

Zivilrechtliche Haftung

- Grundsätzlich haftet nicht der einzelne Verwaltungsmitarbeiter persönlich, sondern die **Körperschaft** (§ 839 BGB i. V. m. Art. 34 GG).
- **Ausnahme:** Bei **Vorsatz oder grober Fahrlässigkeit** kann ein Rückgriff durch den Dienstherrn erfolgen (§ 839 Abs. 1 Satz 2 BGB).

Beispiele aus der Praxis

- **Loveparade 2010 (Duisburg):** Verwaltungsmitarbeitende standen wegen mutmaßlicher Planungsfehler unter strafrechtlicher Untersuchung. Die Aufarbeitung zog sich über Jahre – letztlich ohne strafrechtliche Verurteilung, aber mit erheblichen disziplinarrechtlichen und politischen Konsequenzen.
- **Ahrtal-Flut 2021:** Ermittlungen gegen einzelne Beamte und politische Verantwortungsträger (Landrat, Ministerin) wegen mutmaßlich zu spät ausgelöster Warnungen oder mangelnder Koordination. Verfahren wegen fahrlässiger Tötung wurden eingeleitet – Stand 2026 teilweise noch anhängig.

- **COVID-19-Impfstrategie:** In Einzelfällen wurde gegen Mitarbeitende ermittelt, die Impfreihenfolgen bewusst missachteten oder sensible Gesundheitsdaten unzulässig weitergaben.

Rechtliche Kommentierung

- Der Maßstab für **grobe Fahrlässigkeit** liegt hoch, ist aber bei krassen Pflichtverletzungen erfüllt. Beispiel: Missachtung amtlicher Wetterwarnungen trotz vorliegender Zuständigkeit.
- Die Rechtsprechung betont, dass Mitarbeitende nicht für **Fehlentscheidungen unter Unsicherheit** zur Rechenschaft gezogen werden dürfen, solange sie nachvollziehbar und sorgfältig abgewogen wurden (OLG Koblenz, Beschluss v. 17.03.2023 – 3 Ws 85/22, zu Ermittlungen im Ahrtal).

Präventionsmaßnahmen

- **Regelmäßige Schulungen** zu Verantwortlichkeiten in der Krise,
- **Einsatzhandbücher und klare Ablaufpläne** zur Handlungssicherheit,
- **Rechtzeitige Einbindung von Justiziariaten** oder Fachjuristen bei komplexen Entscheidungen.

Fazit

Auch im Krisenfall müssen Verwaltungsmitarbeitende innerhalb ihrer rechtlichen Grenzen agieren. Die Verantwortung endet nicht mit dem Verweis auf Zeitdruck oder Unübersichtlichkeit. Umgekehrt schützt gute Vorbereitung, dokumentiertes Ermessen und transparente Kommunikation vor Haftungsrisiken und disziplinarischen Konsequenzen.

Quellen und Rechtsgrundlagen (Auswahl)

- Beamtenstatusgesetz (BeamtStG), insbesondere §§ 33 ff.,
- Bundesdisziplinargesetz (BDG),
- Tarifvertrag für den öffentlichen Dienst (TVöD), § 3,
- Bürgerliches Gesetzbuch (BGB), § 839,
- Grundgesetz (GG), Art. 34,
- Strafgesetzbuch (StGB), §§ 13, 222, 229, 339,
- BVerwG, Urteil vom 28.11.1985 – 2 C 34.84,
- OLG Koblenz, Beschluss vom 17.03.2023 – 3 Ws 85/22,
- Bundesministerium des Innern: *Verwaltungsrechtliche Verantwortung im Krisenfall*, Handreichung 2022.

1.2.7 Internationale und supranationale Rahmenbedingungen (EU-Recht und völkerrechtliche Verpflichtungen)

Im Zeitalter grenzüberschreitender Risiken – etwa Pandemien, Naturkatastrophen, Blackouts, Waldbrände oder Cyber-Angriffe – nimmt die Bedeutung von europäischem und internationalem Krisenrecht deutlich zu. Auch wenn viele Regelungen auf Bundes- oder Landesebene umgesetzt werden, sind insbesondere **kommunale Behörden** zunehmend Adressaten europäischer Normen und internationaler Verpflichtungen. Dies gilt insbesondere für **grenznahe Kommunen**, etwa entlang der Grenzen zu den Niederlanden, Belgien, Frankreich, Polen, Tschechien, Österreich oder der Schweiz.

Diese Kommunen stehen im Krisenfall oft **an der Schnittstelle internationaler Hilfe, Koordination und rechtlicher Schnittmengen**. Ereignisse machen nicht an administrativen Grenzen halt – bei Großbränden, Epidemien oder technischen Störungen in Kritischer Infrastruktur ist ein grenzüberschreitendes, abgestimmtes Verwaltungshandeln zwingend erforderlich.

Der Einfluss von EU-Recht (z. B. durch das EU-Katastrophenschutzverfahren, die Datenschutz-Grundverordnung) sowie von völkerrechtlichen Rahmenwerken (wie dem **Sendai-Rahmenwerk** der Vereinten Nationen oder den International Health Regulations der WHO) betrifft dabei nicht nur formale Vorgaben, sondern **konkrete Anforderungen an Krisenvorsorge, Prävention, Resilienz und Koordination.**

Gerade für grenznahe Kommunen ergibt sich daraus eine doppelte Verantwortung:

1. die eigenen Krisenstrukturen und -prozesse **an internationalen Standards auszurichten** und
2. **eine reibungslose Kooperation mit benachbarten ausländischen Gebietskörperschaften** zu ermöglichen – sei es durch gemeinsame Alarmpläne, Informationsflüsse oder Übungen.

Diese europäische und internationale Einbindung ist **kein abstrakter Verwaltungsauftrag**, sondern in vielen Regionen bereits gelebte Praxis – etwa in der deutsch-niederländischen Euregio, der Oberrheinkooperation oder in grenzübergreifenden Katastrophenschutzverbänden entlang der Oder, der deutsch/polnischen Grenze in Mecklenburg-Vorpommern, Brandenburg und Sachsen oder im Alpenraum.

1.2.7.1 Europarecht: Krisenprävention und -hilfe in der EU

a) EU-Katastrophenschutzverfahren (Union Civil Protection Mechanism, UCPM)

Rechtsgrundlage

- **Beschluss Nr. 1313/2013/EU** über ein Katastrophenschutzverfahren der Union, zuletzt geändert durch Verordnung (EU) 2021/836.

Ziele

- Förderung der **Prävention, Vorbereitung und Reaktion** auf Katastrophen,
- Aufbau eines europäischen **Katastrophenschutz-Pools** (rescEU) mit Spezialressourcen (z. B. Löschflugzeuge, Notunterkünfte),
- Koordination durch das **Emergency Response Coordination Centre (ERCC)** in Brüssel.

Praxisbeispiele

- **Starkregen/Hochwasser in Westeuropa 2021:** Der EU-Mechanismus bot betroffenen Ländern (DE, BE, NL) Unterstützung mit Satellitenbildern, THW-Kapazitäten aus anderen Mitgliedstaaten und EU-Finanzhilfen.
- **Erdbebenhilfe in der Türkei 2023:** Auch deutsche Städte und Länder stellten über den Mechanismus Personal, Technik und Spenden bereit.

Kommunale Relevanz

- Kommunen sollten sich auf die **Integration externer Einsatzkräfte** vorbereiten (z. B. Sprachmittlung, Schnittstellenkoordination).
- **Katastrophenschutz- und Einsatzpläne** sollten EU-Kompatibilität berücksichtigen (Standardisierung, Module, Schnittstellenkommunikation).

b) Datenschutzrecht: DSGVO (GDPR)

Rechtsgrundlage

- **Datenschutz-Grundverordnung (DSGVO/GDPR), Verordnung (EU) 2016/679.**

Relevanz im Krisenfall

- Auch bei Krisenintervention, Notfallkommunikation oder Bevölkerungsschutz gelten die Prinzipien der DSGVO uneingeschränkt (▶ Kapitel 5).
- Artikel 6 und 9 DSGVO eröffnen Spielräume zur **Verarbeitung sensibler Daten im öffentlichen Interesse** – z. B. bei Evakuierungen, Quarantäne oder Gesundheitsüberwachung.

Aktuelle Auslegung

- Der Europäische Datenschutzausschuss (EDSA) betonte in seinen **Leitlinien zur COVID-19-Pandemie** (2020), dass Datenschutz »nicht als Hindernis, sondern als Schutzinstrument« zu verstehen sei.

1.2.7.2 Völkerrechtliche Rahmenwerke

a) Sendai-Rahmenwerk für Katastrophenvorsorge 2015 bis 2030

Das Sendai-Rahmenwerk wurde 2015 auf der UN-Weltkonferenz für Katastrophenvorsorge in Sendai (Japan) verabschiedet und ist der Nachfolger des Hyogo-Aktionsrahmens.

Ziele

- Reduktion von Katastrophenrisiken und Verlusten an Leben, Gesundheit und Vermögen,
- Stärkung der **gesellschaftlichen Resilienz**,
- Integration von Risikoanalyse in **lokale Entwicklungsplanung**.

Verpflichtung Deutschlands

- Umsetzung auf allen Verwaltungsebenen (Bund, Länder, Kommunen),
- Monitoring und Berichterstattung über das Bundesamt für Bevölkerungsschutz und Katastrophenhilfe **(BBK)** und die Deutsche Gesellschaft für Internationale Zusammenarbeit (GIZ).

Konkrete Anforderungen an Kommunen

- **Risikoanalysen** und Gefahrenkarten als Grundlage von Bau- und Infrastrukturplanung,
- Einbindung vulnerabler Gruppen (z. B. ältere Menschen, Kinder) in die Krisenvorsorge,

- Förderung der **Resilienz lokaler Systeme** (z. B. Kritische Infrastrukturen, Schulen, Pflegeeinrichtungen).

Beispielprojekte

- **»Resiliente Kommune« (BBK):** Förderprogramm zur Umsetzung Sendai-basierter Resilienzstrategien in deutschen Städten,
- **Bürgerbeteiligungsformate** zu Starkregen- und Hitzeaktionsplänen in Leipzig, Köln und Freiburg.

b) Weitere völkerrechtliche Verpflichtungen

- **WHO International Health Regulations (IHR, 2005):** Verpflichtung auch der deutschen Gesundheitsbehörden zur Meldung von Pandemien und Maßnahmen – Grundlage für die Koordination mit der WHO (z. B. bei COVID-19).
- **Pariser Klimaabkommen (2015):** Verlangt auch kommunale Maßnahmen zur Anpassung an klimabedingte Risiken (z. B. Starkregenmanagement, Hitzeschutzpläne).
- **UNO-Agenda 2030 – Ziel 11: »Nachhaltige Städte und Gemeinden«** zielt darauf ab, Städte und Siedlungen inklusiver, sicherer, widerstandsfähiger und nachhaltiger zu gestalten und damit u. a. einen funktionierenden Katastrophenschutz und eine funktionierende Notfallplanung auf lokaler Ebene zu schaffen.

Fazit

Internationale und europäische Rechtsrahmen beeinflussen zunehmend das kommunale Krisenmanagement. Dies erfordert:

- die **rechtliche Kompetenz** zur Umsetzung relevanter Normen (EU-Richtlinien, UN-Verpflichtungen),
- die **organisatorische Anpassung** an europäische Kooperationsstrukturen (rescEU, Datenstandards),
- sowie die **strategische Ausrichtung** kommunaler Planung an Resilienz, Prävention und Nachhaltigkeit.

1.2.8 Quellen und Rechtsgrundlagen (Auswahl)

- Beschluss Nr. 1313/2013/EU über ein Katastrophenschutzverfahren der Union,
- Verordnung (EU) 2021/836 über rescEU,

- Verordnung (EU) 2016/679 – Datenschutz-Grundverordnung (DSGVO/GDPR),
- Sendai Framework for Disaster Risk Reduction 2015 bis 2030 (UNDRR),
- WHO International Health Regulations (2005),
- Pariser Klimaabkommen (2015), Art. 7,
- Agenda 2030 – Ziel 11 (UN Sustainable Development Goals),
- BBK: *Sendai-Umsetzung in Deutschland – Monitoringbericht 2023*,
- EDSA: *Guidelines 03/2020 on the processing of data concerning health for the purpose of scientific research in the context of the COVID-19 outbreak*.

1.2.9 Praktische Tipps zur Anwendung rechtlicher Rahmenbedingungen im Krisenmanagement

Gesetzeskenntnisse aktuell halten

- Halte dich regelmäßig über Änderungen in relevanten Gesetzen auf dem Laufenden (z. B. IfSG, Landeskatastrophenschutzgesetze, ZSKG).
- Nutze Fortbildungen oder Webinare, z. B. von Innenministerien oder kommunalen Spitzenverbänden.

Zuständigkeiten klar definieren

- Erstelle ein Organigramm für Krisenlagen mit rechtlich unterlegten Verantwortlichkeiten.
- Dokumentiere Stellvertretungsregelungen und Entscheidungsbefugnisse in Ausnahmefällen.

Vorlagen für Allgemeinverfügungen vorbereiten

- Erarbeite Textbausteine und Mustervorlagen für häufige Krisenmaßnahmen (z. B. Betretungsverbote, Evakuierungsanordnungen).
- Kläre im Vorfeld mit der Rechtsabteilung, welche Anforderungen erfüllt sein müssen.

Zusammenarbeit vertraglich regeln

- Schließe Kooperationsvereinbarungen mit Nachbarkommunen oder Hilfsorganisationen für Amtshilfe ab.
- Vereinbare Zuständigkeiten schriftlich – idealerweise abgestimmt mit der oberen Katastrophenschutzbehörde.

Datenschutzkonforme Prozesse etablieren

- Bestimme im Vorfeld, welche Daten im Krisenfall erhoben und übermittelt werden dürfen.
- Binde frühzeitig die Datenschutzbeauftragte, den Datenschutzbeauftragten ein; insbesondere bei IT-gestützten Verfahren (z. B. Evakuierungsdatenbank).

Dokumentation und Begründung sichern

- Begründe alle Maßnahmen rechtlich sauber und nachvollziehbar – auch unter Zeitdruck.
- Nutze standardisierte Protokolle zur Dokumentation von Entscheidungen (z. B. Einsatzprotokolle, Lageberichte).

Öffentlichkeit rechtssicher informieren

- Bereite im Vorfeld Kommunikationsleitfäden vor – abgestimmt auf mögliche Rechtsfragen (z. B. Quarantäneanordnung).
- Benenne frühzeitig eine juristisch geschulte Person für die Abstimmung von Pressemitteilungen.

Rechtliche Übungen durchführen

- Führe regelmäßig Planspiele mit juristischem Fokus durch – etwa zur Anwendung von § 28 a IfSG oder zu polizeilichen Eingriffen.
- Simuliere Krisenstäbe mit Einbindung von Rechtsamt und Datenschutz.

1.2.10 Infobox: Rechtliche Rahmenbedingungen

Tabelle 3: ***Rechtliche Rahmenbedingen***

Thema	Kernaussage
Grundgesetz	Legt Schutz der Grundrechte und föderale Zuständigkeiten fest.
Landesrecht	Brandschutz, Rettungsdienst und Katastrophenschutz werden durch Landesgesetze geregelt – kommunale Zuständigkeit.
Bundesrecht	ZSKG, IfSG regeln zentrale Krisenlagen – Zusammenarbeit mit Bund wichtig.

Tabelle 3: ***Rechtliche Rahmenbedingen – Fortsetzung***

Thema	Kernaussage
Verwaltungs-instrumente	Allgemeinverfügungen und Eilmaßnahmen ermöglichen rasches Handeln.
Datenschutz	Auch im Krisenfall gilt die DSGVO – Ausnahmen sind eng auszulegen.
Informationspflicht	Behörden müssen die Öffentlichkeit verlässlich und korrekt informieren.
Verantwortung und Haftung	Pflichtgemäßes Handeln schützt vor persönlicher Haftung.
EU-/Völkerrecht	Internationale Standards gewinnen an Bedeutung für lokale Krisenvorsorge.

1.2.11 Praxis-Tipps kompakt: Rechtliche Rahmenbedingungen

- **Rechtskenntnis stärken:** Regelmäßig zu Katastrophenschutzrecht, IfSG, DSGVO, ZSKG, GG schulen.
- **Vorbereitung erleichtern:** Muster-Allgemeinverfügungen und Checklisten zentral vorhalten.
- **Verantwortung klären:** Dienstpflichten/Haftung mit Juristen und Juristinnen festlegen und dokumentieren.
- **Datenschutz sichern:** Datenschutz-Notfallplan erstellen; Datenschutzbeauftragte in den Stab berufen.
- **Kommunikation vorbereiten:** Krisenkommunikationsplan mit Sprecherregelung und Redundanzen.
- **Überörtlich kooperieren:** Vereinbarungen mit Nachbarkommunen (ggf. international) schließen.
- **Resilienz planen:** Risiken, Evakuierungsrouten, Versorgungsszenarien regelmäßig aktualisieren.
- **Völkerrechtlich denken:** Sendai-Ziele lokal umsetzen (vulnerable Gruppen, Prävention).

Merksätze für den Ernstfall

- Krisen machen keine Gesetze überflüssig – sie machen ihre Anwendung dringlicher.

- Rechtliche Vorbereitung ist operative Handlungsfähigkeit.
- Verhältnismäßigkeit bleibt der Maßstab – auch im Ausnahmezustand.
- Transparenz und Datenschutz sind keine Widersprüche – sondern Bedingungen für Vertrauen.

2 Prävention und Vorbereitung

2.1 Einführung in das Risikomanagement

Risikomanagement im Bevölkerungsschutz ist ein kontinuierlicher, systematischer Prozess zur Identifikation, Bewertung und Minimierung von Gefahren für Staat und Gesellschaft. Ziel ist es, Risiken frühzeitig zu erkennen, ihre Eintrittswahrscheinlichkeit und Auswirkungen abzuschätzen und präventive sowie reaktive Maßnahmen zu entwickeln. Es ist Teil des strategischen Krisenmanagements, Voraussetzung für Resilienz und damit essenziell, um Schäden zu verhindern oder zu begrenzen. Das BBK beschreibt das Risikomanagement im Bevölkerungsschutz auf seiner Homepage als: »Kontinuierlich ablaufendes, systematisches Verfahren zum zielgerichteten Umgang mit Risiken, das die Analyse und Bewertung von Risiken sowie die Planung und Umsetzung von Maßnahmen insbesondere zur Risikovermeidung/-minimierung und -akzeptanz beinhaltet.«[4]

Das Risikomanagement ist eine wesentliche Voraussetzung, um das Ziel Resilienz zu erreichen (resilienter Staat, resilientes Unternehmen).

Risikoanalysen waren Bestandteil der vom Bund seit 2012 durchgeführten LÜKEX-Übungen (LÜKEX = Länder- und Ressortübergreifende Krisenmanagementübung Exercise).

Wie jede Aufgabe in Deutschland ist auch der Bevölkerungsschutz (gemeinhin als Summe von Katastrophenschutz und Zivilschutz betrachtet) in die Werteordnung des Grundgesetzes eingebunden. Dieser Werteordnung liegt der Grundsatz der Verhältnismäßigkeit zugrunde, was bedeutet keine staatliche Aufgabe und kein Grundrecht (auch nicht das Recht auf Leben und körperliche Unversehrtheit) darf die anderen Grundrechte und Staatsaufgaben zu sehr dominieren (zur Inhaltslosigkeit degradieren). Dies führt dazu, dass bei jeder Aufgabe auch die Verhältnismäßigkeit des Mitteleinsatzes zu prüfen ist.

Ziele des Risikomanagements im Bevölkerungsschutz sind im Wesentlichen:

- sich in das allgemeine Krisenmanagement der Behörden einfügen,
- Risiken erkennen und analysieren,
- Kenntnis über Risiken vermitteln,

---

4 Siehe dazu: BBK: Glossar. (online abrufbar unter: https://www.bbk.bund.de/, zuletzt aufgerufen am: 06.02.2026)

- Reduzierung der Eintrittswahrscheinlichkeit und etwaiger Auswirkungen von Katastrophen und Krisen,
- Schutz von Menschen, Infrastruktur und Umwelt,
- Verbesserung der Resilienz (Widerstandsfähigkeit gegenüber Gefahren und verbesserte Wiederaufbaukompetenz),
- Gewährleistung einer schnellen und effektiven Reaktion,
- Einbindung in eine Gefahrenbewältigungsstrategie.

Allgemeines Risikomanagement

Das Risikomanagement hat für Behörden eine zentrale strategische Bedeutung, denn es hilft ihnen, ihre Aufgaben effektiv, rechtssicher und wirtschaftlich zu erfüllen.

Die wichtigsten Aspekte sind:

1. Früherkennung von Gefahren
   Behörden sehen sich einer Vielzahl von Risiken gegenüber. Diese reichen von Gefahren im eigenen Verantwortungsbereich der Gefahrenabwehr zur Aufrechterhaltung staatlicher und behördlicher Handlungsfähigkeit bis hin zu klassischen Bedrohungen wie Waldbränden, Hochwasser und Starkregen. Ebenso zählen IT-Ausfälle, Datenschutzverletzungen, Störungen des Digitalfunks oder von Leitstellen sowie politische und finanzielle Unsicherheiten zu den relevanten Risiken. Ein gutes Risikomanagement erkennt solche Risiken frühzeitig, versteht es, ihnen auch kommunikativ zu begegnen und ermöglicht rechtzeitiges Gegensteuern.
2. Sicherung der Handlungsfähigkeit
   Ein systematisches Risikomanagement hilft Behörden in Krisensituationen handlungsfähig zu bleiben. Es schützt vor Kontrollverlust und hilft, das Vertrauen der Öffentlichkeit zu gewinnen und langfristig zu wahren.
3. Transparenz und Steuerbarkeit
   Risikomanagement macht Risiken sichtbar, kommunizierbar und bewertbar. Diese Transparenz unterstützt Stäbe in der Krisensituation dabei, Entscheidungen vorzubereiten und die Führungsebene dabei, fundierte Entscheidungen zu treffen und Ressourcen gezielt einzusetzen.
4. Rechtliche und normative Anforderungen
   Viele Behörden sind gesetzlich (z. B. Bundesbehörden durch die KRITIS-Gesetzgebung) oder durch interne Vorgaben verpflichtet, ein Risikomanagementsystem zu betreiben – etwa im Rahmen der internen Kontrolle oder der Haushaltsführung.

So ist z. B. bei radiologischen und nuklearen Gefahren, d. h. bei Gefahren, die von ionisierender Strahlung ausgehen, ein permanentes staatliches Risikomanagement vorgeschrieben. Dies findet unter anderem im Szenario »Kernwaffeneinsatz« mit dem Bericht zur Risikoanalyse für den Zivilschutz vom 19.02.2024 (BT-Drs. 20/10476,10) Berücksichtigung. Die CBRN-Rahmenkonzeption gibt dieses Szenario bereits seit 2014 vor.[5]

5. Chancen erkennen
   Risikomanagement bedeutet nicht nur, Gefahren zu erkennen – es hilft auch, Chancen zu identifizieren, z. B. durch Innovationen oder effizientere Prozesse. Eine der wichtigsten Methoden dazu ist die Risikoanalyse.
6. Verständnis sicherstellen
   Risikomanagement stellt sicher, dass Risiken und ihre Potentiale tatsächlich verstanden werden (was heißt das für mich?) und dieses Verständnis unter den Beteiligten Konsens findet. Es dient dazu, Verständnis für Kausalketten und Risikopotentiale zu vermitteln.

Vorschrift des § 18 ZSKG

Das ZSKG ergänzt diese Aussagen um eine konkrete Festlegung: Nach § 18 ZSKG erstellt der Bund (vertreten durch das BBK) im Zusammenwirken mit den Ländern eine bundesweite Risikoanalyse im Bevölkerungsschutz. Hierüber wird der Bundestag unterrichtet. Die Analysen stehen im Internet zur Verfügung.[6]

Risikomanagement als Führungsaufgabe

Risikomanagement ist entsprechend ISO: 31000 (2009) eine Führungsaufgabe. Hierzu sind übergeordnete Ziele, Strategien und Politik der Organisation für das Risikomanagement festzulegen. Im Einzelnen betrifft dies die Festlegung von Kriterien, nach denen die Risiken eingestuft und bewertet werden, die Methoden der Risikoermittlung, die Verantwortlichkeiten bei Risikoentscheidungen, die Bereitstellung von Ressourcen zur Risikoabwehr, die interne und externe Kommunikation über die identifizierten Risiken (Berichterstattung) sowie die Qualifikation des Personals für das Risikomanagement. 2018 ist eine aktualisierte Version der Norm ISO 31000 erschienen. Ein international viel beachtetes Rahmenwerk für das Risiko-

---

5 BBK: Rahmenkonzeption für den CBRN-Schutz (ABC-Schutz) im Bevölkerungsschutz, 2014/2016.
6 BBK: Risikoanalyse im Bevölkerungsschutz. Ein Stresstest für die Allgemeine Gefahrenabwehr und den Bevölkerungsschutz, in: Praxis im Bevölkerungsschutz, Band 16, Bonn, 2. Auflage 2019. (online abrufbar unter: https://www.bbk.bund.de/SharedDocs/, zuletzt aufgerufen am: 06.02.2026)

management ist das von COSO entwickelte Enterprise Risk Management (ERM), welches dabei unterstützt ein international standardisiertes Risikomanagementsystem aufzubauen.[7]

Risikoanalyse und Schutzziele/Schadensszenarien

Zentrale Fragestellung der Risikoanalyse ist, welche Risiken bestehen und welche in Kauf genommen werden. Schutzziele können als Minimalziele der Krisenbewältigung sehr konkret formuliert werden, was aber nicht garantiert, dass die zur Formulierung verwendeten Risiken wirklich verstanden werden.

Zweck der Risikoanalyse

Die Risikoanalyse dient der Identifikation und Bewertung von Gefahren und Bedrohungen. Daraus lassen sich Schadensszenarien ableiten. Diese dienen dazu, Schutzziele und das zu erreichende Schutzniveau zu beschreiben sowie aus ihnen Maßnahmen abzuleiten.

Die Risikoanalyse ist der erste Schritt im Risikomanagement und umfasst eine systematische Untersuchung potenzieller Gefahren, deren Auswirkungen auf die Bevölkerung sowie deren Eintrittswahrscheinlichkeit.
Sie umfasst:

- Gefährdungsanalyse: Ermittlung potenzieller Gefahren wie Naturkatastrophen, technische Störungen oder gesellschaftliche Krisen,
- Vulnerabilitätsbewertung: Analyse der Anfälligkeit von Bevölkerung, Infrastruktur und Umwelt gegenüber identifizierten Gefahren, einschließlich eventueller Kaskadeneffekte,
- Wahrscheinlichkeits- und Schadensbewertung: Einschätzung der Eintrittswahrscheinlichkeit und potenziellen Schadenshöhe von Risiken.

Methoden der Risikoanalyse

Die Methodik der Risikoanalyse besteht aus mehreren Bestandteilen:

- Historische Analyse: Untersuchung vergangener Ereignisse zur Vorhersage zukünftiger Risiken,
- Szenario-Technik: Entwicklung möglicher Krisenszenarien, die später auch zur besseren Planung genutzt werden können,

7 Das von COSO (Committee of Sponsoring Organizations of the Treadway Commission) 2004 veröffentlichte ERM ermöglicht es Unternehmen, standardisiert ein eigenes Risikomanagementsystem aufzubauen und kontinuierlich zu verbessern.

- Gefährdungsanalyse: Identifikation und Klassifizierung von Bedrohungen (Naturkatastrophen, technische Störungen, gesellschaftliche Krisen); Beispiel: Gefährdungsanalyse des BBK,
- Vulnerabilitätsbewertung: Analyse der Anfälligkeit von Bevölkerung, Infrastruktur und Umwelt gegenüber Gefahren,
- Wahrscheinlichkeits- und Schadensbewertung: Quantifizierung der Eintrittswahrscheinlichkeit und Schadenshöhe (allgemeine und juristische Risikobetrachtung: Eintrittswahrscheinlichkeit mal Schaden).

Das BBK nutzt für die Risikoanalyse aus staatlicher Perspektive eine eigens dazu angepasste Methode.[8] Die einzelnen Länder erstellen eigene Risikoanalysen, Risikoanalysen im Bereich der Gefahrenabwehrplanung (Brandgefährdungen im Brandschutz) sind in Kommunen und Kreisen Standard, im Bereich Katastrophenschutz jedoch noch selten.

Schutzziele und Schutzmaßnahmen

Schutzziele (betrachtetes Schadensereignis, dafür notwendige Einsatzmittel, Hilfsfrist und Erreichungsgrad) sind im Rahmen des Rettungsdienstes und des Brandschutzes allgemein bekannt. Weniger bekannt ist, dass auch in der amtlichen Begründung zum Ernährungssicherstellungsvorsorgegesetz von 2017 immanent ein Schutzziel (Mindestversorgung zum Überleben, 1 500 bis 2 000 Kalorien pro Person) genannt ist. Derartige Schutzziele führen zu starken Bindungen. So sind die Hilfsfristen im Rettungsdienst in einigen Gebieten nur noch durch Hubschraubereinsatz zu gewährleisten und drohen den Grundsatz der Verhältnismäßigkeit und den in Art. 28 GG formulierten Grundsatz der kommunalen Entscheidungshoheit in Frage zu stellen, da eine Verpflichtung besteht, die Fristen einzuhalten. Gerade das in früheren Zeiten als sehr positiv beschriebene Schutzzielsystem im Bereich der Wassersicherstellung nach dem Wassersicherstellungsgesetz von 1965 mit den konkreten Vorgaben der Ersten Wassersicherstellungsverordnung vom 31. März 1970 (BGBl I, 357) – pro Person und Tag: 15 Liter Trinkwasser, 75–150 Liter pro Person für medizinische Pflegeeinrichtungen (Krankenhäuser), 40 Liter je Nutztiereinheit – ist mangels funktionsfähiger Notbrunnen zumindest in den neuen Bundesländern nicht umsetzbar und auch in vielen alten Bundesländern sind etliche Notbrunnen nicht einsatzbereit.

8 BBK: Methode für die Risikoanalyse im Bevölkerungsschutz, in: Wissenschaftsforum, Band 8, Bonn 2010. (online abrufbar unter: https://www.bildungsinstitut-rlp.drk.de/, zuletzt aufgerufen am: 06.02.2026)

Schutzziele sind oftmals nicht einzuhalten, ihre Definition gaukelt eine Sicherheit vor, die nicht (mehr) besteht. In Rheinland-Pfalz gibt es zum Beispiel erhebliche Probleme die Hilfsfristen im Rettungsdienst einzuhalten.[9] Derartige Ergebnisse zeigen aber auch, dass jegliche Risikoanalyse und jegliche Schutzzieldefinition oft dem Grundsatz der Verhältnismäßigkeit und damit auch dem Grundsatz der Finanzierbarkeit unterliegen. Das sollte aber nicht die Grundlage einer Analyse, beziehungsweise bei der Festlegung der Schutzziele sein. Eine Risikoanalyse sollte unabhängig erfolgen, die Festlegung der Schutzziele beruht oft auf politischen Entscheidungen. Aber auch hier trägt man die Verantwortung.

2.1.1 Prävention und Vorsorgemaßnahmen

Ein Ziel des Bevölkerungsschutzes ist die Minderung des Schadensausmaßes durch Prävention.

Der Bevölkerungsschutz setzt auf eine Kombination aus technischen, organisatorischen und gesellschaftlichen Maßnahmen zur Risikoprävention.

2.1.1.1 Technische Prävention

Die technische Prävention kann vielerlei Gestalt annehmen und ist stark szenariobasiert, d. h. die Maßnahmen werden entweder im Hinblick auf Lagen vor Ort, deren Eintreten möglich erscheint oder im Hinblick auf den All-Gefahren-Ansatz getroffen. Dies sind z. B.:

- Bauliche Maßnahmen: Hochwasserschutz (Deiche), Baulicher Bevölkerungsschutz, Schutzräume, Errichtung von Schutzbauwerken (Dämme, Hochwasserschutz, erdbebensichere Gebäude), Bau-Gesetzgebung,
- Verbesserte Infrastrukturplanung zur Minimierung von Schadensrisiken,
- Verbesserte Informationssysteme (Hochwasserpegel).

9 Gross, P., Steppat, T.: Lange Wartezeiten: Wo bleibt der Notarzt?, in: FAZ, 26. Juli 2025. (online abrufbar unter: https://www.faz.net/aktuell/, zuletzt aufgerufen am: 06.02.2026)

2.1.1.2 Organisatorische Prävention

Um ihre Resilienz zu erhöhen, müssen auch die zuständigen Bereiche (Organisationseinheiten) vorbereitet sein. Dies geschieht z. B. durch:

- Gesetzliche Vorgaben und Sicherheitsrichtlinien zum Schutz Kritischer Infrastruktur, Vorschriften zur Sicherheitsüberprüfung Kritischer Infrastruktur (KRITIS-Dach-Gesetz, CER-Richtlinie),
- Analyse der Vorschriften, die effektive Schutzmaßnahmen behindern oder zu behindern scheinen (Datenschutz),
- Notfallpläne und Einsatzstrategien für verschiedene Bedrohungsszenarien,
- Frühwarnsysteme: Einsatz von Technologien zur frühzeitigen Erkennung von Gefahren und Alarmierung, soweit diese nicht der technischen Prävention zuzuordnen sind.

2.1.1.3 Gesellschaftliche Prävention

Das Ziel gesamtstaatlicher Resilienz ist nur zu erreichen, wenn auch die Gesellschaft als solche und jeder einzelne (weitestgehend) resilient sind. Dies kann erreicht werden durch:

- grundsätzliche Informiertheit aller,
- Sensibilisierung und Schulung der Bevölkerung zu Schutzmaßnahmen,
- Förderung von Eigenvorsorge durch individuelle Notfallvorsorge,
- Förderung des Selbstschutzes/Selbstschutzgedankens,
- Zusammenarbeit zwischen Behörden, Organisationen und Zivilgesellschaft,
- Aufklärung und Schulung: Sensibilisierung der Bevölkerung und der Verwaltung für Risiken und Schutzmaßnahmen,
- Üben der Zusammenarbeit im Besonderen zwischen Katastrophenschutz und Kritischen Infrastrukturen (Netzbetreibern).

2.1.2 Krisenbewältigung und Reaktion

Trotz präventiver Maßnahmen lassen sich Krisen nicht vollständig vermeiden. Eine schnelle und koordinierte Reaktion ist daher essenziell. Für den Ernstfall sind vorbereitete Reaktionsstrategien entscheidend, wie z. B.:

- Notfallpläne: Erstellung und regelmäßige Aktualisierung von Einsatzplänen,
- Einsatzkräfte und Ressourcen: Effiziente Verteilung von Personal, Material und finanziellen Mitteln,
- Übungen,
- Kommunikation und Koordination: Zusammenarbeit zwischen Behörden, Organisationen und Bevölkerung,
- Evakuierung und medizinische Versorgung vorbereiten: Sicherstellung des Schutzes und der Rettung von Menschen,
- Psychosoziale Betreuung: Unterstützung von Betroffenen zur Verarbeitung von Traumata.

2.1.3 Strategie

Das Erkennen von Gefahren und die Gefahrenprävention allgemein wird erleichtert, wenn die Gesellschaft über die bestehenden Risiken informiert ist und im Vorfeld dazu eine strukturierte Risikokommunikation stattgefunden hat. Gefahr meint in diesem Zusammenhang die Möglichkeit eines Schadens, während Risiko Elemente der Eintrittswahrscheinlichkeit mitumfasst.[10] Eine derart strukturierte Kommunikation kann nur auf Basis einer übergreifenden Strategie bzw. strategischen Leitlinie erfolgen, die Ziele, Zuständigkeiten und Vorgehensweisen verbindlich festlegt.

Strategie bedeutet in diesem Fall die Planung (von Maßnahmen), um ein Ziel zu erreichen (hier: Risiken und Katastrophen effektiv und effizient zu bewältigen). Eine Strategie sollte Leitlinien vorgeben. Sie sollte aber gleichzeitig die Möglichkeit gewähren, flexibel auf unerwartete Ereignisse reagieren zu können. Die Strategie muss u. a.:

1. Genügend Anleitung geben, um
   - konkrete und prüfbare Ziele formulieren zu können,

10 Dies wird in der Risikoanalyse nur implizit deutlich, da diese Schäden und Eintrittswahrscheinlichkeit in Kategorien begrenzt.

- Prioritäten festlegen zu können,
- zu (ggf. harten) Entscheidungen und Kompromissen zu befähigen,
- Ressourcen zuteilen zu können,
- Transparenz dahingehend herzustellen, welche Verpflichtungen entstehen.

2. Genügend Flexibilität besitzen, um
   - Chancen und unerwartete Gelegenheiten nutzen zu können,
   - regionale Besonderheiten nutzen oder adaptieren zu können,
   - gemeinsame (Nach-)Justierungen z. B. über unterschiedliche Stakeholder zu ermöglichen.

2.1.4 Evaluierung und kontinuierliche Verbesserung

Nach einer Krise ist die Evaluierung der Maßnahmen in Form einer gründlichen Analyse der ergriffenen Maßnahmen notwendig, um zukünftige Strategien zu optimieren:

- Analyse von Einsatzberichten: Identifikation von Stärken und Schwachstellen,
- Anpassung von Strategien: Optimierung bestehender Pläne und Verfahren,
- Schulung und Weiterentwicklung: Fortlaufende Qualifikation von Einsatzkräften, Bevölkerung und Verwaltung.

Die Evaluierung dient dazu einen kontinuierlichen Verbesserungsprozess zu etablieren.

2.1.5 Risikokommunikation

In einer von Krisen, Kriegen, Unsicherheiten, Informationsflut und Falschinformationen geprägten Welt zählt Risikokommunikation zu den Schlüsselfunktionen staatlicher Institutionen. Sie ist Mittel zur Informationsvermittlung und strategisches Instrument zum Schutz der Bevölkerung und zur Förderung gesellschaftlicher Resilienz. Insbesondere in Krisensituationen zeigt sich, wie zentral Vertrauen, Klarheit und Dialogorientierung sind – und wie herausfordernd es für Behörden sein kann, all dies zu gewährleisten.

Risikokommunikation von Behörden

Behördliche Risikokommunikation umfasst das frühzeitige, transparente und zielgerichtete Kommunizieren über Gefahrenlagen. Sie adressiert potenziell betroffene Bevölkerungsgruppen und die eigene Verwaltung ebenso wie Medien, politische Entscheidungsträger und andere Stakeholder. Wichtig ist dabei: Informationen müssen nicht nur inhaltlich korrekt, sondern auch verständlich und handlungsrelevant sein, d. h. die interne und die externe Risikokommunikation dürfen nicht widersprüchlich sein.

Grundlagen wirksamer Risikokommunikation

Basierend auf internationalen Leitlinien (z. B. der WHO oder des Bundesamts für Bevölkerungsschutz und Katastrophenhilfe) lassen sich folgende Prinzipien ableiten:

- Frühzeitigkeit: Je früher kommuniziert wird, desto eher lassen sich Fehlinformationen vermeiden und Ängste abbauen. So wird verhindert, dass externe (selbst ernannte Experten) den Kommunikationslead übernehmen.
- Transparenz und Glaubwürdigkeit: Auch Unsicherheiten und Wissenslücken sollten benannt werden – dies stärkt das Vertrauen.
- Zielgruppenadäquanz: Sprache, Medium und Tonalität müssen zur Zielgruppe passen – das schließt auch mehrsprachige und barrierefreie Kommunikation mit ein. Die Aussagen müssen verstanden werden.
- Dialogorientierung: Rückkopplungskanäle wie Bürgerdialoge, Social Media oder Hotlines schaffen Nähe und binden die Öffentlichkeit aktiv ein.

Herausforderungen im digitalen Zeitalter

Die Digitalisierung hat das Kommunikationsumfeld stark verändert. Social Media verbreiten Informationen in Echtzeit – korrekt wie inkorrekt. Für Behörden bedeutet das:

- Die Notwendigkeit der Erstellung eines Krisenkommunikationsplans, der auch Social Media-Strategien beinhaltet.
- Die Herausforderung, Falschinformationen (Fake News) aktiv entgegenzutreten (»Debunking«) und Gerüchte zu entkräften.
- Die Herausforderungen durch Künstliche Intelligenz (Fake News, Informationsgeschwindigkeit) einzukalkulieren.
- Ein Spagat zwischen Geschwindigkeit und inhaltlicher Tiefe der Botschaften. Keine unwahren Aussagen, besser nicht Geklärtes auch so kommunizieren.

Praxisbeispiele:

a) Risikokommunikation während der COVID-19-Pandemie

Während der Corona-Pandemie traten Unterschiede in der Risikokommunikation deutlich zutage. In Deutschland etwa informierten das Robert Koch-Institut (RKI) und das Bundesgesundheitsministerium mit täglichen Briefings, Infografiken und Videobotschaften. Gelungen war die Kommunikation, wenn:

- Kernbotschaften konsistent über alle Kanäle hinweg vermittelt wurden,
- Experten vertrauensvoll und sachlich auftraten (z. B. Prof. Drosten in Podcasts) und
- die Öffentlichkeit regelmäßig über den aktuellen Wissensstand informiert wurde.

Gleichzeitig zeigten sich auch Defizite – etwa bei der Adressierung vulnerabler Gruppen oder im Umgang mit Verschwörungserzählungen. Die sich täglich verändernden »wissenschaftlichen Aussagen« wurden nicht adäquat (als aktueller Forschungsstand) kommuniziert.

b) Amok-Tat am OEZ- Center München 2016

Die Polizei übernahm durch ihren Pressesprecher die Kommunikation. Dieser agierte souverän, ruhig und sachlich. Informationen wurden sachlich, punktgenau und ohne zu beschönigen, transportiert. Aus allen Lagern wurde die Berichterstattung sehr positiv bewertet.

Strategische Empfehlungen für Behörden

Um die Risikokommunikation künftig zu stärken, sollten Behörden:

- Kommunikationsteams interdisziplinär aufstellen (z. B. mit Experten für Medien, Ethik, Psychologie etc.),
- Krisenszenarien vorab simulieren und Kommunikationsstrategien testen,
- Vertrauensanker aufbauen, etwa über wiedererkennbare Sprecher oder Kanäle,
- Kontinuität zwischen Krisen- und Normalmodus wahren, um im Ernstfall an Bekanntes anknüpfen zu können.

Fazit

Die effektive Risikokommunikation ist eine essenzielle staatliche Aufgabe. Sie erfordert nicht nur technisches Know-how, sondern auch Empathie, Antizipationsfähigkeit und strategisches Denken. In einer vernetzten Welt, in der Informationen und Meinungen sich rasch verbreiten, wird sie zum Gradmesser für staatliche Handlungsfähigkeit und gesellschaftlichen Zusammenhalt und ist damit ein wichtiger

Faktor gesamtstaatlicher Resilienz. Die gewissenhafte und ehrliche Risikokommunikation schafft auch in unsicheren Zeiten Vertrauen und Transparenz.

2.1.6 Infobox: Einführung in das Risikomanagement

Tabelle 4: ***Risikomanagement***

Thema	Kernaussagen
Definition	Systematischer Prozess zur Identifikation, Analyse, Bewertung und Bewältigung von Risiken für Staat und Gesellschaft.
Ziel	Gefahren frühzeitig erkennen, Eintrittswahrscheinlichkeit einschätzen, Auswirkungen minimieren, Prävention und Reaktion ermöglichen.
BBK-Definition	»Kontinuierlich ablaufendes, systematisches Verfahren zum zielgerichteten Umgang mit Risiken, das die Analyse und Bewertung von Risiken sowie die Planung und Umsetzung von Maßnahmen insbesondere zur Risikovermeidung/-minimierung und -akzeptanz beinhaltet.«
Einbettung	Bestandteil des strategischen Krisenmanagements; Grundlage für die Resilienz von Staat, Verwaltung, Unternehmen und Gesellschaft.
Instrumente des Bundes	Risikoanalysen (seit 2012), LÜKEX-Übungen.
Werteordnung	Im Grundgesetz verankert → Verhältnismäßigkeitsprinzip (kein Grundrecht/Staatsauftrag darf dominieren).
Zentrale Ziele	▪ Integration in behördliches Risikomanagement, ▪ Risiken erkennen, analysieren, vermitteln, ▪ Eintrittswahrscheinlichkeit und Auswirkungen reduzieren, ▪ Schutz von Menschen, Infrastruktur und Umwelt, ▪ Resilienz und schnelle Reaktionsfähigkeit sichern.
Kernmethoden	Gefährdungsanalyse, Vulnerabilitätsbewertung, Wahrscheinlichkeits- und Schadensbewertung, historische Analysen, Szenario-Techniken.

Tabelle 4: ***Risikomanagement – Fortsetzung***

Thema	Kernaussagen
Schutzziele	Mindeststandards (z. B. Rettungsdienst, Wasserversorgung) → immer Verhältnismäßigkeit und Finanzierbarkeit beachten.
Prävention und Vorsorge	▪ Technisch: bauliche Schutzmaßnahmen, Frühwarnsysteme, ▪ Organisatorisch: Notfallpläne, Sicherheitsvorgaben, KRITIS-Schutz, ▪ Gesellschaftlich: Eigenvorsorge, Aufklärung, Zivilgesellschaft einbinden.
Reaktion	Notfallpläne, Ressourceneinsatz, Übungen, Evakuierungen, psychosoziale Betreuung.
Strategie	Klare Leitlinien und Flexibilität für unerwartete Ereignisse.
Evaluierung	Nach Krisen: Analyse, Anpassung, kontinuierliche Verbesserung.
Risikokommunikation	Frühzeitig, transparent, zielgruppenorientiert, dialogisch → schafft Vertrauen und Resilienz.

2.1.7 Praxis-Tipps kompakt: Einführung in das Risikomanagement

Zeitnah

- Verantwortliche benennen (RM-Beauftragte/r, Stellvertretung, Datenschutz) und in der Leitung verankern.
- Einfaches Risikoregister anlegen (Gefahr, Eintrittswahrscheinlichkeit, Schaden, Vulnerabilität, Schutzziel, Maßnahme, Owner, Termin).
- Top-5-Risiken workshoppen (All-Hazards) und erste Minderungsmaßnahmen festlegen.
- Kontakt- und Alarmierungslisten aktualisieren, **offline** verfügbar machen (Papier/USB).

Aufbau und Prävention (laufend)

- Auf ISO 31000/COSO ERM stützen: Kriterien, Rollen, Reporting festlegen.
- Schutzziele realistisch definieren und mit Verhältnismäßigkeit/Finanzierbarkeit abgleichen; Annahmen dokumentieren.
- Technisch: Redundante IT/Kommunikation, Notstrom, Back-ups/BCM testen.
- Organisatorisch: Alarm-/Einsatz-/Evakuierungspläne, »MoUs« mit Nachbarkommunen/KRITIS-Betreibern.
- Gesellschaftlich: Eigenvorsorge kommunizieren, vulnerable Gruppen kartieren, mehrsprachige Infos bereitstellen.

Daten und Recht

- BBK-Bundesrisikoanalysen (§ 18 ZSKG), LÜKEX-Lehren und lokale Ereignisdaten nutzen.
- Rechtslage prüfen: ZSKG, IfSG, DSGVO, BSIG/NIS-2/KRITIS; Datenschutz-Notfallplan erstellen.
- Verträge/Dienstleister (Service Level Agreement (SLA), Notfall-Support, Ausfallpläne) prüfen und nachschärfen.

Reaktionsfähigkeit sicherstellen

- Stabsraum und Ausweichstandort mit Material, Visualisierung, IT-Fallback vorbereiten.
- Evakuierungs- und Versorgungs-Szenarien (Wasser, Wärme, Medikamente) durchplanen.
- Vorlagenpaket pflegen: Allgemeinverfügungen, Presse-Questions and Answers, Social Media Posts, Bürgerbriefe.
- PSNV (psychosoziale Notfallversorgung) und Betreuungsstrukturen einbinden.

Risikokommunikation

- One Message Strategy: feste Sprecher, Freigabewege, Kernbotschaften.
- Warnkanäle orchestrieren: Sirenen/Cell Broadcast/NINA, Website/Darksite, Social Media.
- Monitoring und Richtigstellung für Gerüchte/Desinformation; barrierefrei und mehrsprachig senden.

Üben und Lernen

- Quartalsweise Mini-Szenarien, jährlich Stabsrahmen-/Alarmierungsübung; Ergebnisse in Maßnahmenplan mit klaren Zuständigkeiten und Einhaltung von Fristen.
- Nach Ereignissen: Hot Wash Up < 72 h, AAR binnen 30 Tagen, Pläne/Schutzziele aktualisieren.
- Key Performance Indicators (KPIs) tracken (z. B. Zeit bis Erstmeldung, Umsetzungsquote Maßnahmen, Wiederherstellungszeiten IT).

Merksätze

- Rechtliche Vorbereitung = operative Handlungsfähigkeit.
- Verhältnismäßig handeln, Annahmen offenlegen, Entscheidungen dokumentieren.
- Dokumentiert ist getan – ohne Doku ist es nicht passiert.

2.2 Notfall- und Krisenpläne

2.2.1 Warum Notfall- und Krisenpläne unverzichtbar sind

Verwaltungen stehen im Krisenfall vor einer doppelten Herausforderung: Sie müssen nicht nur sich selbst organisieren, sondern gleichzeitig handlungsfähig gegenüber der Bevölkerung bleiben. In außergewöhnlichen Situationen – etwa bei Naturkatastrophen, Pandemien, IT-Ausfällen oder anderen großflächigen Störungen – reichen die alltäglichen Verwaltungsabläufe nicht mehr aus.

Notfall- und Krisenpläne bilden das Rückgrat einer vorbereiteten Verwaltung. Sie schaffen Strukturen, Regeln und Zuständigkeiten, die auch unter Zeitdruck, Unsicherheit und hoher Belastung funktionieren. Das bedeutet konkret:

- **Schneller handeln:** Krisenpläne enthalten klare Abläufe, die ohne lange Entscheidungswege aktiviert werden können.
- **Koordiniert reagieren:** Alle Beteiligten kennen ihre Aufgaben – Verwirrung und widersprüchliches Handeln werden vermieden.
- **Rechtlich sicher agieren:** Die Maßnahmen sind abgestimmt mit den geltenden Gesetzen und kommunalen Vorschriften.
- **Vertrauen schaffen:** Eine professionelle Krisenreaktion erhöht die Akzeptanz bei Bürgerinnen und Bürgern sowie externen Partnern.

Ohne strukturierte Vorbereitung drohen im Ernstfall Chaos, Verzögerungen und Fehlentscheidungen – mit potenziell schwerwiegenden Folgen für Menschen, Infrastruktur und das öffentliche Vertrauen.

2.2.2 Grundlagen der Notfall- und Krisenplanung

Abgrenzung: Notfall vs. Krise

Zur Orientierung ist es wichtig, zunächst die Begriffe **Notfall** und **Krise** voneinander abzugrenzen – auch wenn beide Situationen in der Praxis ineinander übergehen können.

Tabelle 5: ***Notfall versus Krise***

Merkmal	Notfall	Krise
Charakter	Technisch, lokal begrenzt, vorhersehbar	Komplex, dynamisch, unvorhersehbar
Beispiel	Stromausfall im Rathaus, Hochwasser	Pandemie, Cyber-Angriff auf Verwaltungsnetz
Handlungsspielraum	Standardisierte Abläufe möglich	Hoher Entscheidungsdruck, Unsicherheit
Führungsstruktur	Fachlich/organisatorisch, klar geregelt	Stabsstruktur mit übergreifender Koordination nötig

Merke:

Beide Arten von Ereignissen erfordern vorbereitende Planung – aber mit unterschiedlichem Fokus.

2.2.3 Bedeutung für die Verwaltung

Die öffentliche Verwaltung hat eine herausragende Verantwortung: Sie muss in Notlagen und Krisen **handlungsfähig bleiben** und gleichzeitig die Funktionsfähigkeit zentraler Aufgaben (Daseinsvorsorge, Sicherheit, Kommunikation) **gewährleisten**.

Ein gut aufgestellter Krisen- oder Notfallplan ist dabei das wichtigste Werkzeug. Doch ein Plan allein reicht nicht – **entscheidend ist die Mitwirkung jedes einzelnen Verwaltungsmitarbeiters.** Verantwortung im Krisenmanagement ist nicht nur Sache der Führungsebene, sondern betrifft alle Beschäftigten – jeweils **in ihrem spezifischen Aufgabenfeld**.

2.2.4 Verantwortung im Detail – Wer trägt wofür Verantwortung?

Tabelle 6: ***Rolle in der Verwaltung***

Rolle in der Verwaltung	Mögliche Verantwortung in der Krisenvorsorge und -reaktion	Beispielhafte Aufgaben
Sachbearbeitung (z. B. Ordnung, Soziales, Bauamt)	Kenntnis über eigene Zuständigkeiten im Krisenfall; Mitwirkung bei der Planung von Maßnahmen	▪ Bereitstellung aktueller Kontaktlisten ▪ Unterstützung bei der Evakuierungsplanung (z. B. Ausweisung von Notunterkünften) ▪ Aktualisierung sensibler Datenbestände
Leitung von Ämtern und Fachbereichen	Organisation interner Abläufe für den Ernstfall, Schulung der Mitarbeitenden, Schnittstelle zum Krisenstab	▪ Erarbeitung bereichsspezifischer Alarm- und Ablaufpläne ▪ Teilnahme an Übungen ▪ Delegation klarer Aufgaben im Stabsbetrieb
IT-Abteilung	Sicherstellung der technischen Infrastruktur und Notfallpläne für IT-Ausfälle	▪ Notfallhandbuch für IT-Störungen ▪ Aufbau von Offline-Arbeitsfähigkeit ▪ Planung redundanter Kommunikationswege
Hausmeister/ Technischer Dienst	Sicherstellung der Infrastruktur, Notversorgung, Zutritt zu Gebäuden	▪ Kontrolle von Notstromversorgung und Schlüsselsystemen ▪ Bereithaltung technischer Ausstattung für Notlagen

Tabelle 6: *Rolle in der Verwaltung – Fortsetzung*

Rolle in der Verwaltung	Mögliche Verantwortung in der Krisenvorsorge und -reaktion	Beispielhafte Aufgaben
Personalabteilung	Pflege von Rufbereitschaftslisten, Regelung arbeitsrechtlicher Fragen im Notbetrieb	▪ Organisation von Dienstplänen für den Krisenstab ▪ Dokumentation von Arbeitszeiten in Ausnahmesituationen
Kommunikation/Presse	Vorbereitung der öffentlichen Information, Aufbau von Kommunikationsketten	▪ Vorformulierte Textbausteine ▪ Erstellen von Darksites ▪ Aufbau von FAQs ▪ Absprache mit der Leitung über Freigabeprozesse
Führungsebene (Bürgermeister, Amtsleiter)	Gesamtverantwortung, Einberufung und Leitung des Krisenstabs, Koordination mit externen Akteuren	▪ Entscheidung über Alarmierung ▪ Krisenkommunikation mit Land, Polizei, Feuerwehr ▪ Aktivierung von Notfallplänen

Das Ordnungsamt nimmt allerdings eine besondere Stellung ein.

Während die spezifische Gefahrenabwehr Aufgabe der Fachämter ist, hat das Ordnungsamt auch grundsätzlich die Aufgabe der allgemeinen Gefahrenabwehr, so dass hier bei fehlender anderweitiger Regelung die Erstzuständigkeit liegt.

2.2.5 Beispiele aus der Praxis

- Eine Sachbearbeiterin im Sozialamt wird während eines Krisenszenarios (z. B. Evakuierung wegen Hochwasser) damit betraut, die Unterbringung und Versorgung älterer Menschen in Notunterkünften zu koordinieren. Dafür braucht sie **vorbereitete Listen mit vulnerablen Personen**, die im Alltag gepflegt werden müssen.
- Ein IT-Mitarbeiter hat im Vorfeld einen **Notfallplan für den Totalausfall des E-Mail-Servers** erstellt. Als dieser durch einen Cyber-Angriff ausfällt, kann der Dienst dank vorbereiteter Offline-Kontaktlisten und Notfalllaptops aufrechterhalten werden.

- Ein Mitarbeiter im Bauamt wird plötzlich gebraucht, um **Sperrungen von Gefahrenzonen** zu koordinieren. Er kennt die zuständigen Ansprechpartner und hat **im Krisenhandbuch Karten und Absperrpläne** hinterlegt.

Merke:

Jeder hat eine Rolle – auch ohne »Krisen«-Jobtitel

Der Erfolg eines Krisenmanagements steht und fällt mit dem **Bewusstsein für die eigene Rolle** – unabhängig von Hierarchie oder Fachbereich. Auch Mitarbeitende ohne direkte Führungsverantwortung müssen:

- **ihre Rolle im Krisenfall kennen,**
- **Notfallinformationen aktuell halten,**
- **an Übungen teilnehmen,**
- **Verantwortung für ihre Abläufe übernehmen.**

Eine Krise »wartet nicht auf Zuständigkeiten«. Je besser jede und jeder vorbereitet ist, desto besser funktioniert die Verwaltung als Ganzes. Die hierfür notwendige Sensibilität sollte schon in der Ausbildung geschärft worden, bzw. Teil der Stellen- und Dienstpostenbeschreibung sein. Auch die jeweiligen vorgesetzten Stellen sollten dieses leben und kommunizieren. Die jeweilige Aufgabe wird dem Sachbearbeitenden durch die vorgesetzte Stelle übertragen. Das heißt nicht, dass jede oder jeder über den eigentlichen fachlichen Bereich hinaus Zuständigkeiten suchen soll. Vielmehr soll darüber nachgedacht werden, welchen Anteil ich mit meiner persönlichen beruflichen Expertise zum Gelingen beitragen kann.

2.2.6 Rechtlicher Rahmen – Was muss rechtlich bei der Notfall- und Krisenplanung beachtet werden?

Die rechtlichen Grundlagen der Krisenplanung sind ein zentraler Aspekt für jede Verwaltung. Denn nur wenn Maßnahmen rechtssicher getroffen werden, kann die Verwaltung in Krisen handlungsfähig bleiben – ohne sich dem Vorwurf des rechtswidrigen Handelns oder Unterlassens auszusetzen.

Warum ist der rechtliche Rahmen so wichtig?

- **Rechtssicherheit schaffen:** In Krisen können Entscheidungen unter großem Druck und mit unvollständigen Informationen nötig sein. Der rechtliche Rahmen schützt Verantwortliche, wenn sie innerhalb gesetzlicher Vorgaben handeln.
- **Verantwortlichkeiten klären:** Gesetzliche Regelungen bestimmen, wer wofür zuständig ist – insbesondere bei Alarmierung, Koordination oder Gefahrenabwehr.
- **Haftung vermeiden:** Fehlerhafte oder unterlassene Krisenvorsorge kann zu Schadensersatzansprüchen oder sogar strafrechtlichen Konsequenzen führen.
- **Vertrauen erhalten:** Bürgerinnen und Bürger erwarten rechtsstaatliches Handeln – gerade in Ausnahmesituationen. Entscheidungen müssen getroffen werden. Der Gesetzgeber will Ermessensentscheidungen und kein »haben wir immer so gemacht«.

Rechtsquellen für die Notfall- und Krisenplanung

Die Gefahrenabwehr ist in Deutschland in erster Linie Aufgabe der Kommunen. Feuerwehren, Ordnungsbehörden und Rettungsdienste handeln im Rahmen der geltenden Feuerwehr-, Katastrophenschutz- und Rettungsdienst- und Ordnungsbehördengesetze der Länder – sie sind das Rückgrat des alltäglichen Schutzes der Bevölkerung. In diesen gesetzlichen Grundlagen ist geregelt, wie im Normalfall auf Brände, Unfälle, Naturereignisse oder andere Gefahrenlagen zu reagieren ist.

Doch Krisen machen nicht an den Grenzen des Alltäglichen halt. Sie fordern Strukturen heraus, überfordern Routinen und stellen neue, oftmals komplexe Anforderungen. Bei außergewöhnlichen Lagen – etwa bei großflächigen Stromausfällen, Pandemien, Cyber-Angriffen oder Naturkatastrophen – greifen zusätzliche rechtliche Regelwerke, Zuständigkeiten verschieben sich, und die Notwendigkeit zu koordinierter, übergreifender Krisenplanung tritt in den Vordergrund.

Dieses Kapitel gibt einen Überblick über die wesentlichen Rechtsquellen, die für die kommunale Notfall- und Krisenplanung relevant sind. Es zeigt, wie sich allgemeine Regelungen der Gefahrenabwehr mit spezialgesetzlichen Bestimmungen und krisenbezogenen Vorschriften verzahnen – und was das für die praktische Planung bedeutet.

2.2.6.1 Landeskatastrophenschutzgesetze

Diese Gesetze regeln die Gefahrenabwehr bei außergewöhnlichen Lagen wie Naturkatastrophen, Großschadenereignissen oder länger andauernden Versorgungsengpässen. In jedem Bundesland gibt es eigene Katastrophenschutzgesetze.

Kerninhalte

- Definition von »Katastrophenlagen«,
- Zuständigkeiten für die Katastrophenabwehr,
- Verpflichtung zur Erstellung von Alarm- und Einsatzplänen,
- Regelungen zur Bildung von Krisenstäben,
- **Einbindung von Hilfsorganisationen, Feuerwehr, THW, ...**

Beispiel
In Baden-Württemberg verpflichtet das Katastrophenschutzgesetz Landkreise zur Erstellung eines Katastrophenschutzplans mit Regelungen zur Evakuierung, Warnung und Versorgung der Bevölkerung.

2.2.6.2 Kommunalrecht (z. B. Gemeindeordnungen)

Diese Gesetze definieren die Zuständigkeit der kommunalen Organe in der Gefahrenabwehr und Krisenvorsorge.

Kerninhalte

- Die oberste Verantwortung liegt bei den Hauptverwaltungsbeamten (z. B. Bürgermeister, Landräte),
- Regelungen zur Bildung von Sonderorganen (z. B. Krisenstab).

Beispiel
Ein Bürgermeister kann bei einem Starkregenereignis eigenständig Maßnahmen zur Gefahrenabwehr anordnen (z. B. Absperrungen, Evakuierungen), ohne auf einen Ratsbeschluss zu warten.

2.2.6.3 Fachgesetze mit Relevanz für Krisenlagen

Je nach Art des Krisenfalls greifen spezielle Rechtsnormen aus verschiedenen Bereichen:

Tabelle 7: ***Fachgesetze mit Relevanz***

Fachbereich	Relevantes Gesetz	Anwendungsfall
Gesundheit	Infektionsschutzgesetz (IfSG)	Quarantäne, Schließung öffentlicher Einrichtungen, Maskenpflicht
Umwelt	Wasserhaushaltsgesetz, Abfallrecht	Trinkwasserverschmutzung, Chemieunfall
Sicherheit	Polizeigesetze der Länder	Gefahrenabwehr, Platzverweise, Zugangsbeschränkungen
Feuerwehr	Feuerwehrgesetze der Länder	Alarmierungs- und Einsatzstruktur bei Bränden und Technischen Hilfeleistungen
IT/Datenschutz	DSGVO, Landesdatenschutzgesetze	Schutz personenbezogener Daten auch in Krisen
Versorgung	Energiesicherungsgesetz	Maßnahmen bei Strom- oder Gasausfall

Beispiel 1
Bei einer Tierseuche wie der Afrikanischen Schweinepest müssen nach dem Tiergesundheitsgesetz Sperrzonen eingerichtet und Tiere ggf. gekeult werden. Diese Maßnahmen dürfen nur auf Basis gesetzlicher Vorgaben angeordnet werden.

Beispiel 2
Während der Corona-Pandemie wurden Quarantänemaßnahmen und Kontaktbeschränkungen ausschließlich auf Grundlage des Infektionsschutzgesetzes verhängt – und mussten regelmäßig gerichtsfest begründet werden.

2.2.6.4 Haftungsrecht und Beamtenrecht

Führungskräfte und Mitarbeiter im öffentlichen Dienst stehen auch persönlich in der Verantwortung.

- **Amtshaftung (§ 839 BGB i. V. m. Art. 34 GG):** Die Kommune haftet für Schäden, die durch Pflichtverletzungen von Bediensteten entstehen. Bei rein fahrlässigem Handeln besteht kein Regress gegen den Entscheidungsträger und die Handelnden.
- **Dienstpflichten:** Beamte und Angestellte im öffentlichen Dienst sind verpflichtet, an Übungen, Krisenvorsorge und -einsätzen mitzuwirken, soweit diese ihre Aufgaben betreffen.
- **Fürsorgepflicht des Dienstherrn:** Der Arbeitgeber muss für die Sicherheit und Gesundheit seiner Beschäftigten sorgen – auch im Krisenfall.

Beispiel:
Ein Amt verweigert trotz konkreter Hinweise auf Hochwassergefahr die Evakuierung eines Altenheims. Kommt es zu Personenschäden, könnte dies zu Amtshaftung führen.

2.2.7 Umsetzung rechtlicher Vorgaben in der Verwaltung

Was bedeutet das praktisch?

- **Krisenpläne müssen mit den Rechtsvorgaben abgestimmt sein.**
- Rechtskenntnisse sind im Krisenstab unerlässlich – Juristen sollten eingebunden sein. In vielen Lagen bildet die Generalklausel der Brand- und Katastrophenschutzgesetze eine Ermächtigungsgrundlage. Jeder Entscheidungsträger muss mindestens wissen, was »Notwendige Maßnahmen« sind.
- Regelmäßige Schulungen zum rechtlichen Handlungsrahmen sind Pflicht – nicht nur für Führungskräfte.
- Handlungsleitfäden, Checklisten und Freigabeverfahren müssen rechtssicher gestaltet werden.

Handlungsempfehlungen für Verwaltungsmitarbeitende

1. Eigene Rechtslage kennen: Welche Gesetze gelten für meinen Bereich? Wer trägt Verantwortung?
2. Notfallmaßnahmen dokumentieren: Auch in der Krise müssen Entscheidungen dokumentiert und begründet sein.
3. Rechtliche Beratung einholen: Krisenstäbe sollten im Zweifel juristischen Beistand hinzuziehen.

4. Schulungen und Fortbildungen nutzen: Rechtliche Grundlagen gehören zum Pflichtwissen im Krisenmanagement.

Merke:

Rechtlicher Rahmen = Sicherheitsnetz für schnelles, wirksames und rechtmäßiges Handeln

Der rechtliche Rahmen ist keine Bremse – er ist die Leitplanke, die es ermöglicht, in Extremlagen entschlossen und abgesichert zu handeln. Wer seine Rechte und Pflichten kennt, kann mutig und effektiv agieren – in den Diensten der öffentlichen Sicherheit und des Gemeinwohls.

2.2.8 Aufbau eines Notfall- und Krisenplans

Ein Notfall- und Krisenplan ist kein statisches Dokument, sondern ein praxisorientiertes Handbuch mit klaren, umsetzbaren Vorgaben. Ziel ist es, der Verwaltung im Ernstfall schnell Orientierung zu bieten, Zuständigkeiten zu klären, Abläufe zu steuern und Kommunikationsflüsse sicherzustellen.

Ein guter Plan ist modular aufgebaut, damit er an unterschiedliche Krisenszenarien angepasst werden kann. Gleichzeitig muss er sowohl im digitalen als auch im analogen Zugriff bereitstehen – z. B. bei einem Strom- oder Netzwerkausfall.

Risikoanalyse und Entwicklung von Szenarien

Ziel ist es, die wahrscheinlichsten und folgenschwersten Risiken für die eigene Kommune (→ »All-Hazard-Ansatz«) herauszuarbeiten. Abhängig vom Szenario sollten die notwendigen Kontakte parat sein (z. B.: Cyber-Angriff = BSI). Dafür sollte folgendermaßen vorgegangen werden:

- Analyse geografischer, infrastruktureller, sozialer und wirtschaftlicher Besonderheiten,
- Nutzung vorhandener Gefährdungsanalysen (z. B. vom BBK, der Feuerwehr oder der Polizei),
- Priorisierung nach Eintrittswahrscheinlichkeit und Schadenspotenzial.

Tabelle 8: ***Beispielszenarien und deren Bedeutung für die Verwaltung***

Szenario	Bedeutung für die Verwaltung
Stromausfall >24h	Ausfall von IT, Kommunikation, Licht, Heizung – wie bleibt die Verwaltung arbeitsfähig?
Pandemie (z. B. COVID-19)	Ausfall von Personal, Versorgung der Bevölkerung, Koordinierung mit dem Gesundheitsamt
Cyber-Angriff	Keine E-Mails/kein Netzwerk – Wie läuft die Krisenkommunikation weiter?
Hochwasser	Evakuierung, Verkehrslenkung, Unterbringung von Betroffenen

Organisationsstruktur und Zuständigkeiten

Ziel ist es, Struktur zu schaffen, damit die Verwaltung handlungsfähig bleibt, auch wenn Entscheidungswege gestört sind. Dafür sind folgende Elemente notwendig:

- **Der Krisenstab (administrative Komponente) als zentrales Führungsinstrument:** Meist unter der Leitung des Hauptverwaltungsbeamten unter Einbindung aller relevanten Fachbereiche der Verwaltung. Die Schlüsselfunktionen sind durch Führungskräfte zu besetzen, damit die Entscheidungen des Krisenstabes fach- und zeitgerecht umgesetzt werden.
- **Der Führungsstab (operative Komponente) mit den Stabsfunktionen (gemäß DV100)** z. B. Lage, Personal, Logistik, Information/Öffentlichkeitsarbeit in der technischen Einsatzleitung/im Führungsstab.
- **Fachlichkeit:** Spezialwissen einbinden – z. B. Gesundheitsamt, IT, Ordnungsamt, Bauhof.
- **Stellvertretungsregelungen:** Jeder Schlüsselposten braucht eine vorbereitete Vertretung.

Kommunikationsstruktur

Ziel ist es, verlässliche, redundante Kommunikationswege zu etablieren – intern und extern. Dafür sind folgende Maßnahmen notwendig:

- Festlegung von Alarmierungswegen: Wer informiert wen, auf welchem Weg?
- Aufbau von Kommunikationsketten: Auch bei IT-Ausfall!
- Nutzung von Ersatzkommunikationsmitteln: Funk, Notfallfax, Satellitentelefone.

- Vorlage fertiger Kontaktlisten: Auch in Papierform.

Beispiel:
Im Fall eines Cyber-Angriffs wird per Notrufliste auf Papier der Krisenstab telefonisch aktiviert. Für die externe Kommunikation nutzt die Kommune vorbereitete Presse-Textbausteine zur Information der Bevölkerung.

Maßnahmenkataloge

Ziel ist es, durch vorab definierte Reaktionen auf typische Lagen ein schnelles Handeln zu gewährleisten. Diese vordefinierten Reaktionen sollten folgendermaßen aufgebaut sein:

- Sofortmaßnahmen (z. B. bei Gefahr im Verzug),
- **Schrittweise Eskalation,**
- **Verantwortlichkeiten benennen,**
- **Checklisten zur Kontrolle.**

Tabelle 9: ***Beispiele für Szenarien und notwendige Maßnahmen***

Szenario	Maßnahme
Unwetter mit Gebäudeschäden	Evakuierungsablaufplan aktivieren, Technischen Dienst alarmieren, Notunterkunft öffnen.
Trinkwasserverschmutzung	Gesundheitsamt einbinden, Informationskette starten, Wasserverteilung organisieren, ein im Vorfeld mit dem Lebensmittelhandel abgestimmtes Vorgehen aktivieren.
Stromausfall > 12h	Lagezentrum aktivieren, Kommunikationsmittel auf Batterie-/Notstrombetrieb umstellen.

Logistik und Infrastruktur

Ziel ist es, sicherzustellen, dass die örtliche Verwaltung auch bei einem Ausfall zentraler Systeme arbeitsfähig bleibt. Dafür kommen folgende Planungshilfen in Frage:

- Stabsräume/Lagezentrum: ausgestattet mit Technik, Notstrom, Karten, Fax etc.,
- Materiallager: Notstromaggregate, Trinkwasser, Decken, Funkgeräte, Satellitentelefonie,
- Verpflegung: Notrationen für Mitarbeitende bei längerer Krisenlage,

- **Ausweichstandorte:** alternative Räume, falls das Verwaltungshauptgebäude nicht nutzbar sein sollte.

Beispiel
Im Rathaus ist ein **Krisenstabsraum** mit Flipcharts, Papierplänen, Funkgerät und analoger Telefonleitung vorbereitet. Eine Notstromversorgung muss die Arbeitsfähigkeit für mind. 72 Stunden garantieren.

Dokumentation und Zugriff
Ziel ist es, dass alle Akteure **schnell auf Pläne zugreifen können** – digital UND analog.
Dafür müssen folgende Anforderungen gegeben sein:

- Zentrale Plandatenbank (z. B. im Intranet oder in einer Cloud),
- Offline-Zugriff bei Digitalausfall,
- Aktualitätskontrolle (Datum der letzten Überarbeitung).

Pflege und Aktualisierung
Ziel ist die ständige Anpassung an neue Risiken, Personalwechsel, Technik. Krisenpläne müssen lebende Dokumente sein! Dies wird gewährleistet durch:

- Regelmäßige Fortschreibung (z. B. jährlich),
- Versionierung: Jede Überarbeitung dokumentieren,
- Integration neuer Erkenntnisse aus Übungen, Ereignissen oder Gesetzesänderungen.

Merke: Struktur schafft Handlungssicherheit

Ein guter Notfall- und Krisenplan...
...deckt realistische Risiken ab.
...ordnet Zuständigkeiten klar zu.
...schafft Handlungsspielräume, nicht Bürokratie.
...funktioniert auch bei IT-Ausfall.
...ist kein Regalordner, sondern ein Werkzeug für den Ernstfall.

2.2.9 Der Planungsprozess in der Praxis

Ein Notfall- oder Krisenplan ist nur dann wirksam, wenn er strukturiert, nachvollziehbar und praxistauglich entwickelt wurde. Der Planungsprozess selbst ist dabei genauso wichtig wie das fertige Dokument – denn die Beteiligung der richtigen

Akteure, das Nachvollziehen der Planlogik und das gemeinsame Üben der Inhalte fördern im Ernstfall Verständnis und Handlungsfähigkeit.

Phasen der Planerstellung

1. **Projektstart und Beauftragung**
   Jede Krisenplanung beginnt mit einem klaren Auftrag durch die Verwaltungsleitung. Dabei werden Projektverantwortliche benannt, Zuständigkeiten geklärt und ein realistischer Zeitplan aufgestellt.
   Beispiel: Der Landrat eines Landkreises beauftragt den Fachbereich Ordnung, einen Katastrophenschutzplan für einen möglichen großflächigen Stromausfall zu entwickeln. Es wird ein Projektteam aus Ordnung, IT, Bauhof und Gesundheitsamt gebildet.
2. **Gefährdungsanalyse**
   Die Grundlage jedes guten Plans ist die Einschätzung möglicher Gefahren. Diese kann auf Basis bestehender Gefahrenkarten (z. B. von Feuerwehr, BBK, Umweltbehörden) oder eigener Risikoanalysen erfolgen. Wichtig ist der Bezug auf die örtlichen Gegebenheiten.
   Beispiel: Eine Gemeinde in Flussnähe bezieht Hochwassergefahrenkarten ein und analysiert, welche Verwaltungsgebäude, Schulen und Pflegeeinrichtungen betroffen wären. Hier gibt es unter anderem gute Werkzeuge beim Deutschen Wetterdienst (DWD).
3. **Planerstellung**
   Der eigentliche Plan wird in Modulen entwickelt. Dazu gehören: Alarmierungspläne, Zuständigkeiten, Kommunikationsketten, Maßnahmenkataloge, Checklisten, Kartenmaterial und gegebenenfalls Anlagen für Speziallagen (z. B. Seuchenausbruch).
   Beispiel: Das Sozialamt erstellt ein separates Modul mit Notfallunterkünften, Abläufen für die Versorgung vulnerabler Gruppen und eine Liste mit Betreuungspersonal.
4. **Schulung und Einweisung**
   Nach Fertigstellung des Plans muss sichergestellt werden, dass alle betroffenen Mitarbeitenden mit ihren Rollen und Aufgaben vertraut sind. Schulungen können als Unterweisungen, E-Learnings oder Dienstbesprechungen durchgeführt werden.
   Beispiel: Die IT-Abteilung organisiert ein internes Briefing zur Vorgehensweise bei Cyber-Angriffen. Die Beschäftigten üben, wie die Krisenkommunikation im Intranet bei Netzwerkausfall übergangsweise über Aushänge und Mobiltelefone funktioniert.

5. **Übungen und Tests**
   Planspiele und Stabsrahmenübungen sind essenziell, um Abläufe zu testen und Schwachstellen zu erkennen. Sie zeigen, ob der Plan in der Realität umsetzbar ist und stärken die Zusammenarbeit.
   Beispiel: In einem Landkreis wird ein realitätsnahes Szenario geübt: Nach einem Sturm ist der Verwaltungssitz beschädigt. Der Krisenstab muss sich in einen Ausweichraum begeben und die Kommunikation über Funkgeräte sicherstellen.
6. **Fortschreibung und Pflege**
   Ein Notfallplan ist nie abgeschlossen. Gesetzesänderungen, Personalwechsel, neue Infrastruktur oder externe Ereignisse (z. B. Pandemie) machen regelmäßige Aktualisierungen nötig. Idealerweise erfolgt eine Überprüfung jährlich oder anlassbezogen nach Übungen oder echten Vorfällen.
   Beispiel: Nach einer Hochwassersituation im Frühjahr stellt sich heraus, dass zwei wichtige Ansprechpartner in der Alarmkette nicht mehr im Dienst sind. Die Kontaktliste wird sofort aktualisiert und der Plan angepasst.

Beteiligung und Einbindung

Krisen lassen sich nicht allein bewältigen. Umso wichtiger ist es, bereits im Planungsprozess alle relevanten Akteure einzubinden. Folgende Partner sollten – je nach Szenario – beteiligt werden:

- interne Fachämter (z. B. Bauamt, Soziales, IT, Personal),
- Feuerwehr, Rettungsdienste, Polizei,
- Gesundheitsamt, Veterinäramt,
- Bundeswehr, THW, Hilfsorganisationen,
- Nachbargemeinden und -landkreise,
- Betreiber Kritischer Infrastrukturen (z. B. Strom, Wasser, IT),
- Schulen, Krankenhäuser, Pflegeeinrichtungen.

Beispiel: Bei der Planung eines Trinkwassernotfallkonzepts wird nicht nur das Gesundheitsamt eingebunden, sondern auch die örtlichen Wasserversorger, der Katastrophenschutz und das Bauamt. Gemeinsam wird ein Szenario geprobt, bei dem kurzfristig eine alternative Wasserversorgung organisiert werden muss.

Beteiligung bedeutet auch, Zuständigkeiten zu klären, Informationen auszutauschen und sich über gemeinsame Standards zu verständigen – etwa bei Warnmeldungen, Evakuierungen oder der Nutzung technischer Ressourcen.

Zwischenfazit

Der Planungsprozess für Notfall- und Krisenpläne erfordert Zeit, Koordination und Beteiligung. Doch der Aufwand lohnt sich: Nur ein gut abgestimmter, geübter und gepflegter Plan wird im Ernstfall auch wirklich handlungsleitend sein. Wer alle Akteure frühzeitig einbindet, erhöht nicht nur die Qualität des Plans, sondern fördert auch die gemeinsame Verantwortung in der Krisenbewältigung.

2.2.10 Digitalisierung und Notfallpläne

Digitale Werkzeuge spielen heute eine immer größere Rolle bei der Notfall- und Krisenplanung. Sie können Abläufe beschleunigen, Informationen besser vernetzen und im Ernstfall wertvolle Zeit sparen. Dennoch gilt: Auch digitale Systeme sind angreifbar – durch Stromausfälle, Cyber-Angriffe oder Netzwerkausfälle. Deshalb muss jede digital gestützte Planung auch analoge Sicherungen mitdenken.

Für viele Verwaltungsmitarbeitende ist der Umgang mit digitalen Krisenmanagementsystemen noch ungewohnt. Ziel dieses Kapitels ist es deshalb, Schritt für Schritt aufzuzeigen, wie Digitalisierung helfen kann – und worauf geachtet werden muss.

Chancen der Digitalisierung in der Krisenplanung

Digitale Systeme können Notfall- und Krisenpläne nicht nur speichern, sondern auch vernetzen, aktualisieren, durchsuchen und mit Echtzeitdaten verbinden. Das erleichtert die Vorbereitung und erhöht die Geschwindigkeit im Einsatzfall.

Beispiele für den digitalen Nutzen:

- digitale Alarmpläne mit automatisierten Benachrichtigungen per E-Mail oder SMS,
- zentrale Datenbanken mit ständig aktualisierten Kontaktdaten, Lagekarten und Checklisten,
- cloudbasierte Krisenhandbücher, auf die auch mobil und aus dem Homeoffice zugegriffen werden kann,
- Nutzung von Karten- und Geoinformationssystemen (GIS) zur Lageeinschätzung,
- Chat- und Kommunikationsplattformen für den Krisenstab.

Digitale Tools sparen insbesondere bei der Vorbereitung und Fortschreibung von Plänen viel Zeit. Änderungen (z. B. neue Ansprechpartner, neue Lagen) können in Echtzeit eingepflegt und kommuniziert werden.

Risiken und Grenzen der Digitalisierung

Trotz aller Vorteile dürfen die Verwundbarkeit und Abhängigkeit digitaler Systeme nicht unterschätzt werden. Gerade in Krisen sind folgende Risiken realistisch:

- Stromausfälle machen Server, Computer und Netzwerke unbrauchbar,
- Cyber-Angriffe können Daten zerstören oder verschlüsseln (z. B. durch Ransomware),
- Internetverbindungen können durch Netzüberlastung oder technische Ausfälle gestört sein,
- Vertrauliche Informationen könnten bei unsicheren Systemen ungewollt öffentlich werden.

Beispiel: Bei einem Cyber-Angriff auf die Kreisverwaltung wird das gesamte IT-System lahmgelegt. E-Mails, Drucker, Datenbanken – nichts funktioniert. Nur weil der Krisenplan auch in Papierform vorliegt, kann der Krisenstab handlungsfähig bleiben.

Es gilt:

Digitale Werkzeuge ersetzen niemals vollständig den analogen Notfallplan.

Anforderungen an digitale Notfall- und Krisenpläne

Damit digitale Krisenpläne zuverlässig funktionieren, sollten sie bestimmten Grundanforderungen genügen:

1. **Redundanz, Offline-Fähigkeit**
   Jeder digitale Plan muss zusätzlich analog (z. B. auf Papier oder als USB-Stick) verfügbar sein.
2. **Zugriffsmanagement**
   Nur autorisierte Personen dürfen auf kritische Planungsdokumente zugreifen können – idealerweise durch Passwortschutz, Zwei-Faktor-Authentifizierung oder verschlüsselte Speicherorte.
3. **Mobilität**
   Mitarbeitende müssen auch von anderen Standorten oder im Außendienst auf Pläne zugreifen können, etwa per Tablet, Laptop oder Smartphone.
4. **Versionierung und Nachvollziehbarkeit**
   Änderungen müssen nachvollziehbar dokumentiert werden: Wer hat wann was geändert?

Beispiel: Der Krisenplan der Stadtverwaltung liegt digital in einer Cloud und offline auf einem Notfall-Laptop im Krisenstabsraum. Die IT-Abteilung sichert regelmäßig aktuelle Versionen auf einem verschlüsselten USB-Stick, der im Tresor aufbewahrt wird. Ein Notfallpaket relevanter Informationen (Notfalltelefonnummern, Adressen von Mitarbeitenden, Adressen von wichtigen Kontaktstellen, Stadt- und Land-Kartenmaterial) liegen analog in gedruckter Form vor. Eine regelmäßige Prüfung der Daten ist vorgesehen und wird durchgeführt.

Digitale Werkzeuge und Systeme – ein Überblick

Es gibt verschiedene technische Lösungen, die sich für die digitale Notfallplanung eignen:

- **Planungs- und Dokumentationssoftware (Stabssoftware):** Diese Programme ermöglichen eine strukturierte Ablage, Alarmierung und Echtzeit-Lagedokumentation.
- **Kollaborationsplattformen:** z. B. Microsoft Teams für die gemeinsame Arbeit an Dokumenten, Besprechungen im Krisenstab oder schnelle Abstimmungen.
- **Geoinformationssysteme (GIS):** z. B. ArcGIS zur Darstellung von Gefahrenzonen, Verkehrswegen, Schutzräumen oder Hochwasserständen.
- **Frühwarnsysteme und Datenquellen:** z. B. DWD-Warnungen, BBK-Lageberichte zur aktuellen Lagebeurteilung und Information.

Beispiel: In der Kreisverwaltung wird für alle Amtsleitungen ein Teams-Kanal eingerichtet, in dem während eines Krisenfalls regelmäßig Updates gepostet werden. So bleiben alle auf dem aktuellen Stand – auch wenn sie sich an unterschiedlichen Orten befinden.

Praktische Umsetzung – Schritt für Schritt

1. **Bestandsaufnahme:** Welche Pläne gibt es bereits? Wo liegen sie? In welcher Form (digital/analog)?
2. **Digitalisierung vorhandener Pläne:** Die strukturierte Erfassung und Ablage sind essenziell.
3. **Sicherheitskonzept:** Zugangsschutz, Back-up, Notfallzugriff definieren.
4. **Schulungen:** Mitarbeitende müssen den Umgang mit digitalen Werkzeugen trainieren.
5. **Testläufe:** IT-Ausfälle simulieren und prüfen, ob der Zugriff auf Kriseninformationen weiterhin möglich ist.
6. **Fortschreibung:** Digitalisierung ist ein Prozess – nicht ein einmaliger Akt. Systeme müssen gepflegt werden.

Kombination von digital und analog

Ein funktionierendes Krisenmanagement setzt immer auf beides: digitale Effizienz und analoge Ausfallsicherheit. Ein bewährter Ansatz ist die parallele Führung eines

- digitalen Krisenhandbuchs für Alltag, Planung und Übungen und
- eines analogen Krisenordners (Papierfassung) für den Notfall.

Beispiel: Im Rathaus liegt ein schwarzer Krisenordner im Büro des Hauptamtsleiters. Darin befinden sich Alarmierungspläne, Karten, Kontaktlisten und Maßnahmenkataloge – alles auch ohne IT verfügbar. Parallel wird ein cloudbasiertes System für die Pflege und Aktualisierung genutzt.

Zwischenfazit

Digitalisierung bietet enorme Chancen für eine moderne und effektive Notfallplanung – aber nur, wenn sie sorgfältig, sicher und mit einem klaren Notfallkonzept umgesetzt wird. Die besten Pläne nützen nichts, wenn sie in der Krise nicht erreichbar sind. Daher gilt: Digitalisierung ja – aber mit Rückfallebene.

2.2.11 Übungen und Fortbildung

Ein Notfall- oder Krisenplan ist nur so gut wie seine praktische Anwendbarkeit. Damit der Plan im Ernstfall nicht nur auf dem Papier funktioniert, müssen die vorgesehenen Abläufe regelmäßig geübt, geprüft und weiterentwickelt werden. Ebenso wichtig ist die Schulung und Fortbildung der Mitarbeitenden, damit sie ihre Rolle im Krisenfall kennen und umsetzen können.

Übungen und Fortbildungen sind keine »Zusatzaufgabe«, sondern integraler Bestandteil einer funktionierenden Krisenvorsorge.

Warum Übungen unverzichtbar sind!

In der Realität verläuft keine Krise wie geplant. Nur durch praktische Übungen zeigt sich, ob:

- Kommunikationswege funktionieren,
- Zuständigkeiten klar verstanden werden,
- Maßnahmen auch unter Stress umsetzbar sind,
- technische Systeme verfügbar und bedienbar sind,
- der Krisenstab effektiv zusammenarbeitet.

Übungen helfen dabei, Schwachstellen zu identifizieren, Routinen zu festigen und Unsicherheiten abzubauen. Sie fördern das Zusammenspiel zwischen Ämtern, Fachbereichen und externen Partnern.

Beispiel: In einer Übung wird ein größerer Stromausfall simuliert. Die Telefonanlage fällt aus, der Krisenstab muss über Mobiltelefone und Funk kommunizieren. Dabei wird festgestellt, dass nicht alle Mitarbeitenden Zugriff auf die Notfallkontakte hatten – eine wichtige Erkenntnis für die Überarbeitung des Plans.

Formen von Übungen

Es gibt verschiedene Arten von Übungen, die je nach Zielsetzung und Ressourcen unterschiedlich aufwendig gestaltet werden können:

1. Planspiel im Rahmen einer Stabsrahmenübung
   Ein Szenario wird am Schreibtisch oder in einem Besprechungsraum durchgespielt. Alle beteiligten Personen übernehmen ihre im Plan vorgesehenen Rollen. Entscheidungen werden simuliert, Abläufe geprüft.
   Beispiel: Ein Starkregenereignis wird angenommen. Der Krisenstab tritt zusammen, der Stabsraum wird vorbereitet, erste Lageberichte erstellt. Die Übung dient der Erprobung von Kommunikation und Entscheidungsfindung.
2. Einsatzübung
   Hierbei handelt es sich um eine praktische Übung im Gelände, bei der echte Einsatzmittel bewegt werden (z. B. Fahrzeuge, Technik, Unterkünfte). Diese Form ist aufwändig und wird meist mit Feuerwehr, THW oder Rettungsdiensten durchgeführt.
   Beispiel: Eine Evakuierung wird geübt. Ein Seniorenheim wird symbolisch geräumt, der Transport zu einer Notunterkunft organisiert. Dabei arbeiten Ordnungsamt, Rettungsdienste und Pflegepersonal zusammen.
3. Alarmierungsübung
   Geprüft wird, ob die Alarmierung aller Beteiligten funktioniert – zum Beispiel per SMS, Telefonkette oder digitalem Warnsystem. Diese Übungen können auch unangekündigt erfolgen.
   Beispiel: Der Hauptverwaltungsbeamte löst eine unangekündigte Alarmierung aus. Innerhalb von 30 Minuten sollen alle Mitglieder des Krisenstabs erreichbar sein. Im Nachgang wird analysiert, wer nicht erreicht wurde und warum.

4. Kleinszenarien oder Miniübungen
   Diese Übungen können ohne großen Aufwand durchgeführt werden. Sie konzentrieren sich auf einzelne Abläufe oder Entscheidungspunkte.
   Beispiel: Das Amt für Soziales übt, wie es innerhalb einer Stunde eine Liste mit Betreuungsbedürftigen für eine Notunterkunft bereitstellt. Dabei zeigt sich, dass eine Liste veraltet ist – ein Hinweis für Verbesserungen.

Planung und Durchführung von Übungen

Damit Übungen wirksam sind, sollten sie gut vorbereitet sein:

- Ziel und Umfang klar definieren,
- Szenario realistisch wählen, aber nicht überfordern,
- Rollen klar verteilen (Übungsleitung, Beobachter, Teilnehmende),
- Übungsdokumentation vorbereiten (Ablauf, Beobachtungsbogen),
- Nachbereitung unbedingt einplanen.

Beispiel: Eine Gemeinde plant eine Stabsrahmenübung mit dem Szenario »Trinkwasserkontamination«. Die Fachbereiche werden vorbereitet, eine externe Beobachterin protokolliert den Ablauf. Nach der Übung folgt eine strukturierte Auswertung.

Nachbereitung und Evaluation

Der wichtigste Teil einer Übung ist die Nachbereitung. Nur wenn Ergebnisse festgehalten und Konsequenzen gezogen werden, hat eine Übung nachhaltigen Wert. Elemente der Nachbereitung:

- schriftliche Auswertung (Stärken, Schwächen, Verbesserungsvorschläge),
- Feedbackgespräch mit Teilnehmenden,
- Ableitung konkreter Maßnahmen (z. B. Plananpassung, Nachschulung),
- Protokoll für spätere Fortschreibungen,
- Wichtig ist eine konstruktive Fehlerkultur. So dürfen Fehler bei Übungen keine nachteiligen Auswirkungen haben.

Beispiel: Nach einer Übung zum Ausfall der IT-Systeme stellt sich heraus, dass viele Mitarbeitende den analogen Krisenplan nicht kannten. Es wird beschlossen, diesen bei der nächsten Mitarbeiterversammlung zu verteilen und zu erläutern.

Fortbildung und Schulung

Auch außerhalb von Übungen ist es wichtig, Verwaltungsmitarbeitende regelmäßig über Krisenpläne, Abläufe und Zuständigkeiten zu informieren. Dies kann durch verschiedene Formate geschehen:

- interne Schulungen oder Briefings,
- Schulungsvideos und E-Learnings,
- Schulung neuer Mitarbeitender beim Dienstantritt,
- Fortbildungstage mit externen Fachleuten (z. B. Feuerwehr, Gesundheitsamt).

Beispiel: Im Rahmen eines Einführungstags erhalten neue Beschäftigte einen kurzen Überblick über den Krisenplan ihrer Dienststelle, Notfallkontakte, Alarmierungsketten und das Verhalten im Ernstfall.

Zusammenarbeit mit externen Partnern
Übungen und Fortbildungen sollten nicht nur intern stattfinden. Auch Feuerwehr, Polizei, THW, Hilfsorganisationen, Nachbargemeinden und Fachbehörden sollten eingebunden werden. Gemeinsame Übungen fördern das gegenseitige Verständnis und die Koordination im Ernstfall.

Beispiel: Eine übergreifende Übung im Landkreis bringt Verwaltung, Feuerwehr, Polizei und ein Krankenhaus zusammen. Das Szenario: Evakuierung eines Wohngebiets nach Gefahrstoffaustritt. Die gemeinsame Übung führt zu Verbesserungen bei der Kommunikation zwischen Leitstellen und Verwaltung.

Zwischenfazit
Übungen und Fortbildungen sind der wichtigste Praxistest für jede Krisenplanung. Sie fördern Handlungssicherheit, Teamarbeit und Lernprozesse. Eine Verwaltung, die regelmäßig übt, ist im Ernstfall besser vorbereitet, schneller handlungsfähig und weniger fehleranfällig. Entscheidend ist, dass Übungen nicht nur als Pflichtveranstaltung, sondern als reale Möglichkeit zur Weiterentwicklung verstanden werden.

2.2.12 Interkommunale Zusammenarbeit

Krisen machen nicht an Gemeindegrenzen Halt. Ein Starkregen betrifft nicht nur eine Stadt, sondern oft ganze Regionen. Ein Cyber-Angriff auf einen Landkreis kann auch benachbarte Verwaltungen betreffen, etwa über gemeinsame IT-Dienstleister. Eine Tierseuche oder eine Pandemie erfordert Maßnahmen in mehreren Landkreisen gleichzeitig. Daher ist es nicht nur sinnvoll, sondern notwendig, dass Verwaltungen in Krisenfällen zusammenarbeiten – und zwar nicht erst dann, wenn die Krise schon da ist, sondern schon in der Vorbereitung.

Viele Kommunen arbeiten im Alltag eng mit Nachbargemeinden zusammen, etwa bei Zweckverbänden oder interkommunalen Projekten. Dieses Prinzip ist auch im Krisenmanagement hilfreich und notwendig. Denn wenn jede Verwaltung für sich allein plant, ohne zu wissen, was die Nachbarn im Krisenfall vorhaben, entstehen Informationslücken, Doppelstrukturen oder sogar widersprüchliche Maßnahmen.

Eine gute interkommunale Zusammenarbeit beginnt bereits bei der Erstellung von Notfall- und Krisenplänen. Schon bei der Risikoanalyse kann es sinnvoll sein, gemeinsam auf Karten zu schauen: Verläuft ein Fluss durch mehrere Gemeinden, ist es ratsam, gemeinsam Hochwasser-Szenarien zu betrachten und abzusprechen, welche Schutzmaßnahmen wo greifen. Gibt es gemeinsame Straßen, Infrastrukturen oder auch kritische Einrichtungen wie Krankenhäuser oder Kläranlagen, muss gemeinsam überlegt werden, wie diese im Krisenfall geschützt oder versorgt werden können.

Ein Beispiel: Zwei Gemeinden betreiben gemeinsam einen Bauhof. Im Krisenfall sollen dort Sandsäcke gefüllt und transportiert werden. Es ist wichtig, dass beide Gemeinden wissen, wie die Abläufe sind, wer verantwortlich ist, und wie im Ernstfall koordiniert wird. Was passiert, wenn gleichzeitig zwei Orte vom Hochwasser betroffen sind? Wer bekommt wann welches Gerät? Auch solche Fragen lassen sich besser in der Planung als unter Zeitdruck klären.

Ein weiteres Beispiel aus der Praxis betrifft das Thema Notunterkünfte. Wenn eine Stadt aufgrund eines Chemieunfalls einen Stadtteil evakuieren muss, kann sie die Unterbringung der betroffenen Menschen oft nicht alleine stemmen. Wenn es vorher Absprachen mit der Nachbarkommune gegeben hat – etwa über verfügbare Turnhallen, Logistikunterstützung oder die gemeinsame Nutzung von Material – lässt sich eine solche Lage deutlich schneller und geordneter bewältigen.

Auch bei der Kommunikation spielt die Zusammenarbeit eine wichtige Rolle. Unterschiedliche Aussagen aus benachbarten Verwaltungen führen leicht zu Verwirrung bei der Bevölkerung. Wer soll nun evakuiert werden? Ist das Wasser in Ort A trinkbar, in Ort B aber nicht? Deshalb ist es hilfreich, sich im Vorfeld über gemeinsame Kommunikationswege zu verständigen, zum Beispiel durch ein abgestimmtes Krisenkommunikationskonzept oder den Austausch vorformulierter Textbausteine. Es kann auch sinnvoll sein, in der Region einen gemeinsamen Krisen-Presseverteiler einzurichten, über den bei größeren Lagen abgestimmte Informationen verbreitet werden.

Ein bewährter Weg, um eine solche Zusammenarbeit zu üben, sind gemeinsame Krisenstabsübungen. Wenn mehrere Verwaltungen ein Szenario gemeinsam durchspielen, lernen sie nicht nur sich gegenseitig besser kennen, sondern entdecken auch, an welchen Stellen Prozesse verbessert oder Informationen besser geteilt werden müssen. Gemeinsame Übungen fördern Vertrauen, Kommunikation und die Fähigkeit zur gegenseitigen Unterstützung. Besonders in ländlichen Regionen, wo Ressourcen begrenzt sind, kann das entscheidend sein.

Die Digitalisierung bietet darüber hinaus zusätzliche Möglichkeiten. Beispielsweise können Kommunen über eine gemeinsame Cloud-Plattform Zugriff auf ihre jeweiligen Krisenpläne ermöglichen. So kann im Notfall schnell auf Informationen zugegriffen werden, wenn etwa ein Nachbarlandkreis bei der Unterbringung, Logistik oder Kommunikation aushelfen soll.

Aber auch im Behördenalltag lässt sich viel tun, um die Zusammenarbeit zu stärken. Regelmäßige Arbeitstreffen von Krisenverantwortlichen der Nachbarkommunen, der Aufbau eines informellen Netzwerks oder sogar die gemeinsame Entwicklung eines regionalen Krisenhandbuchs sind Möglichkeiten, Synergien zu schaffen. Wichtig ist, dass diese Kontakte nicht nur auf dem Papier stehen, sondern aktiv gepflegt werden – im besten Fall durch persönliche Treffen, gemeinsame Fortbildungen und den Austausch über aktuelle Themen oder Neuerungen.

Ein sehr praktisches Beispiel: In einem Landkreis haben sich alle Städte und Gemeinden darauf geeinigt, bestimmte Materialien wie Funkgeräte, mobile Heizgeräte oder Notstromaggregate gemeinsam zu beschaffen und vorzuhalten. Diese Geräte sind zentral gelagert und können im Krisenfall ausgeliehen werden. So spart jede Kommune Geld, und gleichzeitig steht im Ernstfall mehr Ausstattung zur Verfügung, als jede Gemeinde allein bereitstellen könnte.

Merke:

Interkommunale Zusammenarbeit ist kein Zeichen von Schwäche, sondern von Weitsicht. Sie stärkt die Widerstandskraft aller Beteiligten und sorgt dafür, dass in der Krise nicht jeder für sich kämpft, sondern Kräfte gebündelt werden. Je besser die Zusammenarbeit im Vorfeld organisiert ist, desto besser funktioniert sie unter Druck. Und genau das ist es, was im Krisenfall zählt.

Tabelle 10: ***Interkommunale Zusammenarbeit***

Aspekt	Ziel/Nutzen	Beispiel
Planung gemeinsam abstimmen	Vermeidung von Doppelstrukturen, klare Zuständigkeiten	Abstimmung von Evakuierungsplänen zwischen Stadt A und Gemeinde B
Risikoanalyse regional denken	Gefahren über Gemeindegrenzen hinweg erkennen und bewerten	Hochwassergefahrenkarte wird gemeinsam mit Nachbargemeinden erstellt

Tabelle 10: ***Interkommunale Zusammenarbeit – Fortsetzung***

Aspekt	Ziel/Nutzen	Beispiel
Ressourcen bündeln	Kosten sparen, Verfügbarkeit erhöhen, gegenseitige Hilfe ermöglichen	Zentrale Lagerung von Notstromaggregaten und mobilen Heizgeräten
Kommunikation abstimmen	Vermeidung widersprüchlicher Informationen für die Bevölkerung	Einheitliche Pressemitteilungen im Katastrophenfall
Gemeinsame Übungen	Vertrauen stärken, Abläufe erproben, Schnittstellen testen	Landkreisweite Übung mit Chemieunfall-Szenario
Digitale Zusammenarbeit	Zugriff auf Pläne, Kontakte und Daten für alle Beteiligten ermöglichen	Gemeinsame Cloud-Plattform für Krisenpläne
Netzwerke pflegen	Verlässliche Kontakte aufbauen, spontane Abstimmung erleichtern	Regelmäßiger Krisenstammtisch der Hauptverwaltungsbeamten

2.2.13 Praktische Tipps zur Erstellung von Notfall- und Krisenplänen

Die Erstellung eines Notfall- oder Krisenplans kann auf den ersten Blick einschüchternd wirken. Viele Verwaltungsmitarbeitende fragen sich: Wo fängt man an? Wie umfangreich muss ein Plan sein? Und was passiert, wenn man etwas vergisst? Doch wie in vielen Bereichen der Verwaltung gilt auch hier: Man muss nicht gleich perfekt starten – wichtig ist, überhaupt zu beginnen.

Ein guter Notfallplan muss nicht hochkomplex sein, um wirksam zu sein. Oft ist es sinnvoller, mit einer einfachen, übersichtlichen Struktur zu starten und diese nach und nach auszubauen. Dabei helfen einige grundsätzliche Empfehlungen aus der Praxis, die sich in vielen Kommunen bereits bewährt haben.

Ein erster Schritt ist, den Krisenstab im Voraus strukturiert vorzubereiten. Das bedeutet nicht nur, eine Leitungsperson zu benennen, sondern auch zu überlegen, welche Fachbereiche und Funktionen im Ernstfall benötigt werden. Wer kümmert sich um die Lagebeobachtung? Wer hat den Überblick über Personal und Logistik? Wer ist für die Kommunikation nach außen zuständig? Wer kümmert sich um Spontanhelfende? Je klarer diese Fragen im Vorfeld geklärt sind, desto weniger

Chaos entsteht später. Wichtig ist auch, für jede Schlüsselperson eine Stellvertretung festzulegen. Krisen machen keinen Halt vor Krankheit oder Urlaub.

Ein Beispiel: In einer Stadtverwaltung wurde frühzeitig ein Krisenstab mit sieben Funktionsbereichen eingerichtet – darunter Kommunikation, Technik, Soziales und IT. Für jede Rolle gab es eine benannte Person und eine Vertretung. Als es später während eines Unwetters zu einer Lage mit Stromausfällen kam, konnte der Krisenstab innerhalb von 45 Minuten aktiviert werden – weil die Rollen klar und die Ruflisten aktuell waren.

Ein zweiter, oft unterschätzter Punkt ist: Man muss nicht mit einem fertigen 80-seitigen Krisenhandbuch starten. Es genügt völlig, mit einem Grundgerüst zu beginnen. Eine einfache Checkliste, ein grober Alarmplan, eine Übersicht mit Zuständigkeiten – das kann schon viel bewirken. Auf dieser Basis lässt sich mit der Zeit ein vollständiger Plan entwickeln. Wichtig ist dabei die Regelmäßigkeit: Die besten Ergebnisse entstehen, wenn der Plan jährlich überarbeitet und bei jeder Gelegenheit – etwa nach Übungen oder Vorfällen – weiterentwickelt wird.

Auch kleine Schritte zählen. Eine Gemeinde im ländlichen Raum begann ihre Planung mit einer einzigen Datei: »Notfallkontakte Krisenstab«. Diese Liste wurde regelmäßig überprüft und erweitert. Später kamen Lagekarten, Maßnahmenkataloge und Kommunikationspläne hinzu. Nach drei Jahren verfügte die Kommune über einen vollständigen, getesteten Krisenplan – gewachsen aus der Praxis.

Regelmäßige Übungen sind ebenfalls ein Schlüssel zum Erfolg. Diese müssen nicht groß oder spektakulär sein. Es reicht oft schon, kleine Szenarien zu simulieren, um Abläufe zu testen.

Ein Beispiel: In einem Rathaus wurde unangekündigt der Ausfall der Telefonanlage geübt. Die Mitarbeitenden mussten spontan auf andere Kommunikationsmittel zurückgreifen. Das führte zu wertvollen Erkenntnissen: Wer hatte Zugriff auf Mobilnummern? Wer wusste, wie man über Lautsprecher durchs Haus kommuniziert? Solche Miniübungen schaffen Sicherheit – ganz ohne großen Aufwand.

Digitale Hilfsmittel sind nützlich – aber nicht alles. Viele Verwaltungsmitarbeitende neigen dazu, alle Unterlagen ausschließlich digital zu speichern. In der Krise kann das zum Problem werden, etwa bei einem Cyber-Angriff oder Stromausfall. Deshalb ist es wichtig, alle Pläne auch in analoger Form vorzuhalten – ausgedruckt, geordnet und auffindbar. In manchen Verwaltungen wird ein sogenannter »Krisenordner« geführt, der in einem abschließbaren, aber zugänglichen Schrank oder Tresor bereitliegt. Darin enthalten: Kontaktlisten, Karten, Formulare, Ablaufpläne – alles, was man in der ersten Stunde einer Krise braucht.

Auch die Kommunikation sollte vorbereitet werden. Wer spricht in der Krise mit der Presse? Welche Informationen werden an die Öffentlichkeit gegeben? Wie vermeidet man Verwirrung und Gerüchte? Es empfiehlt sich, im Vorfeld Textbausteine für häufige Lagen zu formulieren – etwa bei Stromausfall, Trinkwasserverunreinigung oder Evakuierungen. Diese können bei Bedarf schnell angepasst und veröffentlicht werden. So spart man Zeit – und bewahrt einen professionellen Eindruck.

Ein oft übersehener, aber entscheidender Faktor ist das Vertrauen zu externen Partnern. Krisenmanagement ist Teamarbeit – und das funktioniert nur, wenn man sich kennt. Deshalb lohnt es sich, bereits in ruhigen Zeiten den Kontakt zu Feuerwehr, THW, Polizei, Gesundheitsamt, Energie- und Wasserversorgern, Lebensmittelhandel oder Nachbarkommunen zu pflegen. Gemeinsame Fortbildungen, Besichtigungen oder informelle Treffen helfen, im Ernstfall schneller und besser zusammenzuarbeiten.

Schließlich sollte das Wissen erfahrener Mitarbeitender nicht verloren gehen. Viele wichtige Informationen liegen nicht in Akten oder Datenbanken, sondern im Kopf von Personen, die schon lange im Dienst sind. Kontakte zu Dienstleistern, Erfahrungen mit bestimmten Lagen, Abläufe in speziellen Einrichtungen – all das sollte dokumentiert werden. Eine einfache Möglichkeit ist, einen »Krisenordner« mit einem Abschnitt »Wissensdokumentation« zu ergänzen.

Zum Abschluss ein Tipp: Auch die Sensibilisierung im Alltag zählt. Wenn Notfall- und Krisenpläne im Intranet auffindbar sind, wenn bei jeder Mitarbeitendenversammlung kurz auf den aktuellen Stand hingewiesen wird, wenn einmal im Jahr ein kleiner Sicherheitscheck im Amt durchgeführt wird – dann wird das Thema präsent, ohne zu belasten. So entsteht nach und nach eine Kultur der Vorsorge. Und das ist das beste Fundament für einen guten Krisenplan.

2.2.14 Infobox: Notfall- und Krisenpläne

Tabelle 11: ***Notfall- und Krisenpläne***

Thema	Kernaussagen
Warum unverzichtbar?	▪ Schnelles Handeln durch klare Abläufe ▪ Koordinierte Reaktion statt Doppelarbeit ▪ Rechtssicheres Vorgehen ▪ Vertrauensbildung in der Bevölkerung
Begriffe abgrenzen	▪ Notfall: technisch, lokal, standardisierbar ▪ Krise/Katastrophe: komplex, dynamisch, hoher Entscheidungsdruck → Stabsarbeit notwendig

Tabelle 11: ***Notfall- und Krisenpläne – Fortsetzung***

Thema	Kernaussagen
Bedeutung für die Verwaltung	▪ Handlungsfähigkeit und Daseinsvorsorge sichern ▪ Jede/r hat eine Rolle – nicht nur Führungsorgane
Verantwortlichkeiten	▪ Sachbearbeitung: Daten/Listen, Unterkünfte, Fachbeiträge ▪ Fachamtsleitung: Alarm-/Ablaufpläne, Übungen, Schnittstelle Stab ▪ IT: Notfallhandbuch, Redundanzen, Offline-Fähigkeit ▪ Kommunikation: Textbausteine, Darksite, Freigabeprozesse ▪ Führung: Alarmierung, Stabsleitung, externe Koordination ▪ Ordnungsamt: besondere Stellung in der allgemeinen Gefahrenabwehr
Rechtlicher Rahmen	▪ Landesrecht: Feuerwehr, KatS, Rettungsdienst, Ordnungsbehördengesetze ▪ Kommunalrecht: Verantwortung Verwaltungsspitze, Krisenstab ▪ Fachgesetze je Lage (IfSG, Polizeigesetze, DSGVO, Energiesicherungsrecht und Energiewirtschaftsrecht EnWG) ▪ Haftung/Beamtenrecht: Amtspflichten, Dokumentation, Fürsorge
Aufbau eines Plans (Module)	▪ Risikoanalyse und Szenarien (All-Hazards) ▪ Organisation: Krisenstab/Führungsstab, Stellvertretungen ▪ Kommunikation: Alarmierungswege, Redundanzen, Kontaktlisten ▪ Maßnahmenkataloge und Checklisten ▪ Logistik/Infrastruktur: Stabsraum, Notstrom, Material, Ausweichstandorte ▪ Dokumentation, Zugriff, Pflege (lebendes Dokument)
Digitalisierung – ja, aber sicher	▪ Vorteile: zentrale, aktuelle, durchsuchbare Pläne; GIS; Alarmierung ▪ Anforderungen: Redundanz (Papier/Offline), Zugriffsmanagement, Back-ups, Tests

Tabelle 11: ***Notfall- und Krisenpläne – Fortsetzung***

Thema	Kernaussagen
Übungen und Fortbildung	▪ Regelmäßig üben (Stabsrahmen-, Einsatz-, Alarmierungsübungen) ▪ Nachbereitung/Evaluation → kontinuierliche Verbesserung ▪ Schulungen für alle, nicht nur Führungsorgane
Interkommunale Zusammenarbeit	▪ Regional planen, Ressourcen bündeln, gemeinsame Kommunikation und Übungen ▪ Gemeinsame Lager/Cloud, abgestimmte Evakuierungs-/Warnkonzepte
Praxis-Tipps	▪ Klein starten (Grundgerüst) → schrittweise ausbauen ▪ Rollen und Stellvertretungen früh festlegen ▪ Analoge »Krisenordner« bereitstellen ▪ Vorformulierte Presse-Textbausteine nutzen ▪ Wissen erfahrener Mitarbeitender dokumentieren
Fazit	Ein guter Plan schafft Struktur statt Bürokratie, funktioniert auch ohne IT und wird geübt, gepflegt und gelebt

2.2.15 Praxis-Tipps kompakt: Notfall- und Krisenpläne

Dieses Handout gibt einen Überblick über bewährte Empfehlungen zur schrittweisen und pragmatischen Erstellung von Notfall- und Krisenplänen in der Verwaltung. Es richtet sich an Mitarbeitende ohne Vorerfahrung im Krisenmanagement und soll Mut machen, mit einfachen Mitteln zu beginnen.

Krisenstab vorbereiten

Benenne Leitung und Stellvertretung. Gliedere Funktionen wie Lage, Kommunikation, Logistik und IT. Halte eine aktuelle Telefonliste bereit.

Einfach anfangen

Starte mit einem Grundgerüst – z. B. Kontaktliste, Alarmplan, Zuständigkeitsübersicht. Spezialpläne können später ergänzt werden.

Regelmäßige Überarbeitung
Lege jährlich einen festen Termin zur Fortschreibung des Plans fest. Passe Ansprechpartner, Technik und rechtliche Vorgaben an.

Miniübungen durchführen
Teste regelmäßig kleine Szenarien wie einen IT-Ausfall oder Evakuierungsalarm. Ziehe Lehren aus jeder Übung.

Digitale und analoge Redundanz
Nutze digitale Tools, halte aber auch Papierkopien bereit. Führe einen analogen Krisenordner mit allen wichtigen Informationen.

Kommunikation vorbereiten
Erstelle Textbausteine für häufige Lagen. Kläre Freigabeprozesse für öffentliche Informationen.

Partner frühzeitig einbinden
Binde Feuerwehr, Gesundheitsamt, THW und Nachbarkommunen frühzeitig ein. Pflege den Kontakt über Übungen und Gespräche.

Erfahrungswissen sichern
Dokumentiere informelles Wissen erfahrener Kolleginnen und Kollegen – z. B. zu Abläufen, Kontakten oder sensiblen Einrichtungen.

Mitarbeitende sensibilisieren
Mache Krisenvorsorge im Alltag sichtbar: Aushänge, Kurzinfos im Intranet, kleine Briefings in Teamsitzungen.

Keep it simple and stupid (KISS)
Vermeide unnötige Komplexität. Klare Sprache, kurze Wege und einfache Strukturen fördern die Anwendung im Ernstfall.

3 Krisenbewältigung

3.1 Krisenmanagementteams

3.1.1 Krise

Der Begriff der Krise ist einem Wandlungsprozess unterzogen. Dabei unterscheidet sich der gesellschaftliche Krisenbegriff vom Krisenbegriff im Feld der Gefahrenabwehr.

Von der Wortbedeutung her stammt der Begriff »Krise« aus dem Griechischen »Krisis«. »Krisis« bedeutet sowohl Scheidung als auch Entscheidung. Bis zur Neuzeit galt allein der medizinische Krisenbegriff (der von einer Krise als Wendepunkt der Krankheit zur Gesundung oder zum Tod spricht), seine Übertragung auf andere Felder erfolgte erst seit dem 17. Jahrhundert. Seitdem wandelte sich der Krisenbegriff zu einem spezifisch modern-neuzeitlichen historischen Prozessbegriff. Die Krise wird als Zeit des Übergangs beschrieben, der Begriff enthält neben beschreibenden diagnostischen Elementen auch rein zukunftsweisende prognostische Elemente. In den 20er Jahren des vorigen Jahrhunderts wurde der Krisenbegriff vermehrt von Veränderungs(un)willigen negativ bewertet. Dies ist aber nicht die Bewertung im Feld des Bevölkerungsschutzes und der Gefahrenabwehr. Dort wird von einer Wertneutralität ausgegangen: Eine Krise ist eine vom Normalzustand abweichende Situation, die durch plötzliche oder schleichende Ereignisse entsteht – etwa Naturkatastrophen, Cyber-Angriffe, Angriffe oder Terrorismus, Pandemien oder Reputationsschäden. Sie erfordert besondere Maßnahmen, da die üblichen Routinen nicht mehr ausreichen, um die Lage zu bewältigen (»*Vom Normalzustand abweichende Situation mit dem Potenzial für oder mit bereits eingetretenen Schäden an Schutzgütern, die mit der normalen Aufbau- und Ablauforganisation nicht mehr bewältigt werden kann, so dass eine Besondere Aufbauorganisation (BAO«) erforderlich ist.*[11]).

Katastrophen sind eine Untergruppe von Krisen, mit denen sich der Bevölkerungsschutz beschäftigt. Katastrophen sind entsprechend den Landeskatastrophenschutzgesetzen Ereignisse, durch die das Leben, die Gesundheit oder die lebensnotwendige Versorgung zahlreicher Menschen, Tiere, die Umwelt oder Sachgüter von bedeutendem Wert in so außergewöhnlichem Maße gefährdet oder geschädigt werden,

11 Siehe dazu: BBK: Glossar. (online abrufbar unter: https://www.bbk.bund.de/, zuletzt aufgerufen am: 06.02.2026)

dass Hilfe und Schutz nur wirksam gewährleistet werden können, wenn die zuständigen Behörden, Stellen, Organisationen und die eingesetzten Kräfte unter einheitlicher Leitung der Katastrophenschutzbehörde zusammenwirken.

3.1.2 Krisenmanagement

Krisenmanagement bezeichnet die systematische Vorbereitung auf sowie Steuerung und Nachbereitung von außergewöhnlichen Situationen, die den normalen Ablauf in Organisationen, Unternehmen oder staatlichen Einrichtungen massiv stören oder gefährden können.

a) Ziele des Krisenmanagements
Das Krisenmanagement in Deutschland dient dazu, die Lage möglichst optimal und zeitnah zu bewältigen (vor die Lage kommen) und die Resilienz des Staates zu steigern. Krisenmanagement beinhaltet aber auch das Bemühen, eine Gefahrenlage gar nicht erst zu einer Krise werden zu lassen. So kann auch durch die frühzeitige Aktivierung des Krisenstabes und dessen Arbeit eine Krise abgewendet werden.

b) Aufgaben des Krisenmanagements
- Schadensbegrenzung oder Schadensvermeidung: Minimierung der negativen Auswirkungen auf Menschen, Umwelt, Infrastruktur oder Unternehmen.
- Handlungsfähigkeit sichern: Auch im Spannungsfeld Zeit und Unsicherheiten in der Lage müssen unter Druck zeitnah (in time) klare situationsangepasste Entscheidungen getroffen werden (können). Es gilt Schnelligkeit vor Gründlichkeit und nicht wie im alltäglichen Verwaltungshandeln Gründlichkeit vor Schnelligkeit.
- Rückkehr zum Normalzustand: Ziel ist es, möglichst schnell und geordnet zur regulären Funktionsweise (Normalzustand) zurückzukehren.
- Lernen aus der Krise: Nachbereitung zur Verbesserung zukünftiger Abläufe und Strukturen, möglichst in Form einer Evaluation (nachvollziehbar und nach Standards).

c) Phasen des Krisenmanagements
Das Krisenmanagement ist ein zyklischer Prozess, der sich in mehrere Phasen gliedert und besonders anschaulich im Krisenmanagement Zyklus dargestellt wird:

1. Präventionsphase im Ergebnis eines Risikomanagements
   Diese Phase dient dazu, die Krisenreaktions- und Bewältigungsfähigkeit zu verbessern. Das bedeutet Risiken zu erkennen und vorbeugende Maßnahmen zu treffen.
2. Vorbereitungsphase
   Diese Phase der Vorbereitung beinhaltet die Bereitstellung von Ressourcen (Personal und Technik) sowie organisatorische Vorbereitungen wie Einrichtung von Krisenstäben, Schulungen und Übungen oder die Erstellung von Einsatz- und Notfallplänen.
3. Bewältigungsphase/Interventionsphase
   Diese Phase beinhaltet alle Maßnahmen zur Bewältigung, wie bspw. Sofortmaßnahmen, mittel- und langfristige Maßnahmen, Krisenkommunikation oder die Koordination aller Entitäten der Krisenbewältigung.
4. Nachbereitung/Instandsetzungsphase
   Diese Phase beinhaltet die Evaluation, Analysen, Dokumentationen, Lessons Learned und schließlich im besten Fall die Verbesserung der Fähigkeit zur Krisenbewältigung.

d) Verantwortliche für das Krisenmanagement
Wer betreibt Krisenmanagement?

- Unternehmen: z. B. bei Produktionsausfällen, IT-Störungen oder Skandalen,
- Staatliche Stellen: z. B. bei Naturkatastrophen, Terroranschlägen oder Pandemien, ggf. bei verteidigungspolitischen Lagen,
- Organisationen: z. B. Hilfsorganisationen oder NGOs bei humanitären Krisen.

Verantwortlich ist immer die Leitung: Krisenmanagement ist Chef/innensache.

3.1.3 Aufbau und Aufgaben eines Krisenmanagementteams/ Erfolgsfaktor Stabsarbeit

Die häufigste Form eines Krisenmanagementteams in Deutschland ist der Krisenstab[12]. Hierbei handelt es sich um ein hochqualifiziertes Team, teilweise mit ehrenamtlichen Mitgliedern. Spontan gebildete Teams würde man eher als Krisen-Teams bezeichnen.
Krisenmanagementteams können in zwei Arten unterschieden werden:

1. Teams, die Entscheidungsträger unterstützen. Solche Teams werden als Stäbe bezeichnet.
2. Teams, die kollektiv Entscheidungen treffen, z. B. Vorstände von Aktiengesellschaften.

Aufgrund der gesetzlichen Vorgaben kommen im Bevölkerungsschutz nur die erste Art, die Stäbe, vor. Diese sind spezialisierte Gruppen innerhalb einer Organisation, die im Falle einer schwerwiegenden Störung oder Bedrohung aktiviert werden, um schnell und effektiv zu reagieren. Je nach Führungsebene sind sie das strategische, operative oder taktische Rückgrat in Ausnahmesituationen.
Was sind nun die Aufgaben der Krisenmanagementteams?

a) Aufgaben eines Krisenmanagementteams
   - Informations- und Wissensmanagement: Beschaffen von Informationen (mittels Anfordern und Auswerten von Lageberichten, Auswertung der Aktivitäten in Social Media, Einsetzen von Erkundern etc.) und Generieren von Wissen aus diesen Informationen,
   - Bewertung der Lage: Einschätzung der Krise, ihrer Ursachen und möglichen Auswirkungen; Ausarbeiten von verschiedenen Handlungsoptionen,
   - Entscheidungsfindung: Treffen strategischer, operativer bzw. taktischer Entscheidungen zur Schadensbegrenzung,
   - Koordination: Abstimmung aller Maßnahmen zwischen internen Abteilungen und externen Partnern (z. B. Behörden, Medien),

12 Vgl. Freudenberg, D.: »Stabs- und Organisationsstrukturen« und »Führung und Krisenmanagement«, in: Freudenberg/von Lewinski (Hrsg.): Handbuch Bevölkerungsschutz: Grundlagen, Recht, Praxis, München, 2024.

- Kommunikation: Sicherstellung klarer, transparenter Kommunikation nach innen und außen,
- Dokumentation: Protokollierung aller Maßnahmen zur späteren Auswertung und Verbesserung.

b) Zusammensetzung des Teams

Ein Krisenmanagementteam besteht aus ständigen und ereignisbezogenen Mitgliedern. Dabei ist die konkrete Zusammensetzung vom zu bewältigenden Ereignis abhängig. Mindestens müssen folgende Funktionen besetzt werden:

- Stabsleiterin bzw. Stabsleiter: Diese Funktion sollte durch ein Mitglied der Verwaltung- bzw. Behördenspitze wahrgenommen werden (nicht unbedingt durch die Oberbürgermeisterin/Oberbürgermeister oder Landrätin/Landrat),
- Koordinierungsgruppe Stab (KGS): Die KGS stellt die Arbeitsfähigkeit des Stabes dar (Lage, Innerer Dienst),
- als ständige Mitglieder verschiedene Gefahrenabwehrbehörden (Sicherheit- und Ordnung, Feuerwehr, Katastrophenschutz, PSNV, etc.),
- Bevölkerungsinformation und Medienarbeit (BuMA).

Daneben können Vertreter und Vertreterinnen aus folgenden Bereichen als ständige bzw. ereignisbezogene Mitglieder eines Stabes sein:

- Verwaltungs- bzw. Behördenspitze,
- IT-Sicherheit,
- Personalwesen,
- Recht,
- Gesundheit,
- Umwelt,
- Soziales,
- Verbindungspersonen zu anderen Behörden,
- Polizei,
- PSNV gegebenenfalls Peer Support,[13]
- ggf. externe Berater oder Sicherheitsdienste.

Der Arbeitskreis V (Feuerwehrangelegenheiten, Rettungswesen, Katastrophenschutz und zivile Verteidigung) der Innenministerkonferenz hat einen

13 Peer Support in der PSNV ist die strukturierte kollegiale Unterstützung durch speziell geschulte Einsatzkräfte, die Betroffenen nach belastenden Einsätzen emotionale Stabilisierung und Orientierung bieten.

prinzipiellen Aufbau für Krisenstäbe der Verwaltung in seinen »Hinweisen zur Bildung von Stäben der administrativ-organisatorischen Komponente (Verwaltungsstäbe – VwS)« zur Einführung den Bundesländern empfohlen. Diese Hinweise wurden als Ergänzung zur FwDV/DV 100 erarbeitet.

Grundsätzlich werden die Teams im »Zwei-Stabs-Modell« (Führungsstab der Einsatzorganisationen der nichtpolizeilichen Gefahrenabwehr und Verwaltungsstab) tätig. Aber auch das zusammenfassende »Ein-Stabs-Modell« ist weit verbreitet. Während im Führungsstab der nichtpolizeilichen Gefahrenabwehr die Aufgaben dauerhaft zugeordnet sind und definierte Funktionen (Stabsbereiche) immer bestehen (S 1 - S 6), setzt sich der Verwaltungsstab lageabhängig aus Vertretern der betroffenen Fachämter zusammen (meist ist das Ordnungsamt vertreten). Bei Bedarf werden Fachberater hinzugezogen, wobei darauf geachtet werden muss, dass der Stab lageangepasst handlungs- und entscheidungsfähig bleibt. Die Anzahl der Stabsmitglieder darf daher nicht (zu) groß werden. Ggf. sind Aufgaben zu bündeln (z. B. ein Fachberater für alle Hilfsorganisationen).

Aufgabe des Stabes ist es, Entscheidungen vorzubereiten und Entscheidungsalternativen zu entwickeln. Die Verantwortung, Leitung und Entscheidungskompetenz obliegt grundsätzlich dem politisch Gesamtverantwortlichen, im Katastrophenfall in der Regel dem Landrat/der Landrätin oder dem Oberbürgermeister/der Oberbürgermeisterin.

Während beim Führungsstab eine 24/7 Anwesenheit notwendig ist, ist dies beim Verwaltungsstab nicht der Fall. Die Einsatzbereitschaft sollte allerdings auch hier jederzeit gegeben sein. Die Verantwortlichen kommen zusammen und treffen Entscheidungen. Nachdem die Entscheidungen getroffen sind, sorgen sie für deren Umsetzung und übernehmen wieder ihre Fachaufgaben. Damit der Verwaltungsstab reibungslos funktioniert, muss eine Koordinierungsgruppe Stab (KGS) die Sitzungen und Entscheidungen vorbereiten und die Umsetzung der Entscheidungen nachhalten. Diese Gruppe sollte permanent tagen und wie der Führungsstab nach acht Stunden abgelöst werden.

c) Aktivierung und Ablauf

Administrative und operativ arbeitende Stäbe werden nicht dauerhaft betrieben, sondern bei Bedarf aktiviert – etwa bei:

- Naturkatastrophen,
- Cyber-Angriffen,
- Pandemien,

- Lieferkettenausfällen,
- Reputationskrisen,
- Großschadenslagen/Katastrophen.

Nach der Bewältigung der Krise kehren die Mitglieder in ihre regulären Rollen zurück.

Sinnvoll ist es, dass alle Handelnden ihre Aufgaben im Krisenmanagement kennen und in diese Aufgaben eingewiesen sind, sowie Krisenmanagement geübt haben (vgl. e) Stabstrainings)

d) Personalauswahl

Nicht jede Person ist für die Arbeit im Stab geeignet. Neben der persönlichen Kompetenz (Kenntnisse und Entscheidungsbefugnis) ist auch die Verfügbarkeit ein wichtiges Kriterium für die Auswahl des Personals. Dabei spielt auch das private Umfeld eine Rolle.

e) Stabstrainings

Die Teams, deren Aufgabe Stabsarbeit ist, müssen durch Aus, Fort- und Weiterbildung möglichst optimal auf ihre Aufgabe vorbereitet werden. Wobei diese Vorbereitung die Besonderheit ausweist, dass sie nicht nur dazu dient, die Krisen möglichst gut zu bewältigen, sondern auch (und vor allem dazu) Gefahrenlagen bereits insoweit zu »entschärfen«, dass es zu keiner Krisenlage kommt. Diesbezüglich wird seitens des BBK eine standardisierte und abgestimmte Krisenmanagement-Ausbildung mit verbindlichen Ausbildungsinhalten gewünscht. Aktuell arbeiten Bund und Ländervertreter in einer Arbeitsgruppe gemeinsam an einem Eckpunktepapier zur standardisierten Krisenmanagementausbildung in Deutschland.

f) Spontan gebildete Krisen-Teams

Krisenmanagementteams können sich auch spontan bilden (Helfer Shuttle in der Ahrtal-Flut) oder gebildet werden (abgeschnittene Dörfer zu denen tagelang keine Hilfe durchdrang, auch in der Ahrtal-Flut 2021). Hier ist es wichtig, diese Teams in das allgemeine Krisenmanagement zu integrieren.

g) Ein Blick in die Feuerwehr-Dienstvorschrift 100: Relevanz für das Krisenmanagement der Verwaltung

Das Krisenmanagement nach der Feuerwehr-Dienstvorschrift 100 (FwDV 100) basiert auf einem strukturierten Führungssystem, das die Einsatzleitung befähigt, Gefahrenlagen effektiv zu bewältigen. Die Grundprinzipien der FwDV 100 werden nahezu überall im Krisenmanagement angewandt. Die FwDV 100 trägt den Titel »Führung und Leitung im Einsatz« und regelt die Führungsorganisation, den Führungsvorgang und die Führungsmittel im Feuerwehrdienst. Sie ist bundesweit einheitlich und gilt sowohl für den alltäglichen Einsatz als auch für Großschadenslagen.

Elemente des Führungssystems

Folgende Elemente zeichnen ein Führungssystem aus:

- Führungsorganisation: Die Struktur reicht von der Führung einer kleinen Einheit bis zur Leitung eines großräumigen Einsatzes. Sie ist skalierbar und passt sich der jeweiligen Gefahrenlage an.
- Führungsvorgang: Dieser umfasst die Lagefeststellung, Lagebeurteilung, Planung, Entscheidung und Durchführung. Die Einsatzleitung muss schnell handeln, auch bei unvollständiger Informationslage.
- Führungsmittel: Dazu zählen Kommunikationsmittel, Führungsfahrzeuge, Kartenmaterial und Dokumentationshilfen.

Aufgaben der Einsatzleitung/des Führungsstabs im Krisenmanagement

Die Einsatzleitung hat folgende Aufgaben:

- Lageerfassung und -beurteilung: Die Einsatzleitung muss die Situation schnell und präzise erfassen, auch wenn Informationen fehlen oder sich die Lage dynamisch verändert.
- Maßnahmen zur Gefahrenabwehr: Die Einsatzleitung trifft alle operativ-taktischen Entscheidungen zur Begrenzung von Schäden und zur Rettung von Menschenleben.
- Koordination der Einsatzkräfte: Die Kräfte müssen effektiv und sicher eingesetzt werden – oft an unbekannten Orten und unter schwierigen Bedingungen.
- Zusammenarbeit mit anderen Organisationen: Die FwDV 100 fördert die länderübergreifende Kooperation mit Polizei, THW, Rettungsdiensten und Behörden.

Verwaltungsstab

Der Verwaltungsstab hat u. a. folgende Aufgaben:

- Personal- und Ressourcenmanagement,
- Organisation und Logistik (Fragen der Unterbringung),
- Verwaltungstechnische Aufgaben,
- Bereitstellung der notwendigen Finanzmittel,
- Unterstützung des Führungsstabes/der Einsatzleitung und des Hauptverwaltungsbeamten,
- Informationsmanagement (»Herr werden in der Informationsflut«),

- Treffen, Dokumentieren und Umsetzen der notwendigen Entscheidungen.

Verwaltungsstab und Einsatzleitung/Führungsstab

- Der Verwaltungsstab übernimmt die administrativ-organisatorische Steuerung (z. B. Ressourcenmanagement, Öffentlichkeitsarbeit).
- Die Einsatzleitung ist für die operativ-taktische Umsetzung verantwortlich.
- Beide Komponenten arbeiten eng zusammen und tauschen Verbindungspersonen aus, um ein gemeinsames Lagebild zu gewährleisten.

Rechtliche Grundlagen/Zusammenfassung

Die FwDV 100 stützt sich auf das jeweilige Landesfeuerwehrrecht, das die Rechte und Pflichten der Einsatzleitung definiert. Sie ersetzt frühere Vorschriften wie die KatS-DV 100 und ist an die Nummerierungssysteme von Polizei und Bundeswehr angepasst.

Die FwDV 100 stellt sicher, dass Feuerwehreinsätze – vom kleinen Brand bis zur Katastrophe – durch ein klar strukturiertes Führungssystem bewältigt werden können. Sie ist das Fundament für professionelles Krisenmanagement im Feuerwehrdienst.

3.1.4 Entscheidungsprozesse in Krisensituationen/Erkenntnisse

Krisenmanagementteams sollten ihre Aufgabe erfüllen und nur Krisenmanagement betreiben, nicht auch noch weitere Aufgaben übernehmen. Im Übrigen aber Bekanntes und Bewährtes beibehalten. Das bedeutet:

- Bekannte Struktur beibehalten und den Aufbau des Krisenmanagements an die Alltagsorganisation anpassen.
- Wenn notwendig, Team ereignisabhängig ergänzen (ereignisbezogene Mitglieder).
- Team so klein wie möglich, so ausbaufähig wie nötig halten. Personen nicht länger als notwendig einsetzen.
- Nicht jeder ist geeignet!
- Frage der Schichtfähigkeit klären: Im Verwaltungsstab ist dies in der Regel nur bei der Koordinierungsgruppe erforderlich. Aber auch dort ist mindestens die doppelte Besetzung nötig (besser 3–4-fache Besetzung).
- Rollenklarheit schaffen (in Bezug auf die eigene Aufgabe, aber auch auf die der anderen Mitglieder).
- Bekannte Räume, Arbeitsmittel, IT nutzen.

Folgende Maßnahmen sind in der Regel bei Verwaltungsstäben erforderlich:

- Personalauswahl (auch wenn diese bereits festgelegt wurden, Selbstbetroffene gehören nicht in diese Funktionen),
- Alarmierungsweg festlegen,
- Raumauswahl, inkl. Ausweichsitz und Erreichbarkeit definieren,
- Raum vorbereiten, z. B. Visualisierungsmöglichkeiten,
- Erforderliches Arbeitsmaterial vorhalten
- (Ausschluss-)Verfahren bei persönlicher Betroffenheit abstimmen (Fürsorge für Mitglieder),
- Dokumentation festlegen,
- Krisenkommunikation (Darksite), Social Media (Accounts) etc. vorbereiten,
- Interne Regeln (Sitzungsverlauf, Telefonate, Gesprächsbeiträge, Beitragslänge) festlegen.

Fazit

Krisen nicht mit der Normalorganisation zu bewältigen, hat sich in Deutschland schon früh bewährt (Lüneburger Heidebrand, 1975 oder Flutkatastrophe in Hamburg, 1962). Der Brand in der Lüneburger Heide hat dafür gesorgt, dass heute eine Krisenmanagementstruktur wie dargestellt selbstverständlich ist. Es ist daher wichtig, die entsprechenden Teams durch Übungen regelmäßig auf die Krisenbewältigung vorzubereiten.

3.1.5 Infobox: Krisenbewältigung und Krisenmanagementteams

Tabelle 12: ***Krisenbewältigung und Krisenmanagementteams***

Thema	Kernaussagen
Krise – Begriff	Wertneutral; Abweichung vom Normalzustand durch plötzliche oder schleichende Ereignisse → Routinen reichen nicht mehr aus
Krisenmanagement – Ziele	Schaden vermeiden/begrenzen, Handlungsfähigkeit sichern, Rückkehr zum Normalbetrieb, Lernen und Evaluation
Phasen (Zyklus)	Prävention → Vorbereitung (Pläne, Stäbe, Übungen) → Bewältigung (Maßnahmen, Koordination, Kommunikation) → Nachbereitung (Analyse, Evaluation)

Tabelle 12: ***Krisenbewältigung und Krisenmanagementteams – Fortsetzung***

Thema	Kernaussagen
Wer betreibt Krisenmanagement?	Staat/Verwaltung, Unternehmen, Organisationen, NGOs
Krisenmanagementteam (Krisenstab) – Aufgaben	Informations- und Wissensmanagement, Lagebewertung, Handlungsoptionen erarbeiten, Entscheidungen, Koordination intern/extern, Kommunikation, Dokumentation
Zuschnitt	Führung und Stabsbereiche (z. B.: Recht, PR, IT, Personal); Verwaltung: Ein-Stabs- oder Zwei-Stabs-Modell (Führungsstab/Verwaltungsstab, DV 100)
Praxis	Kleine Kernteams aus Leitung, ständige Mitglieder, KGS, BuMA, lageabhängig durch ereignisbezogene Mitglieder erweiterbar; klare Rollen/Stellvertretungen; bekannte Räume und IT nutzen; 24/7-Fähigkeit der KGS
Aktivierung	Bei Naturereignissen, Cyber-Angriffen, Pandemien, Lieferketten-/Reputationskrisen, Großschadenslagen; danach Rückkehr zu Linienaufgaben
Training	Standardisierte Aus-/Fortbildung, regelmäßige Stabsübungen mit dem Ziel: Routine erlangen und Mitarbeitende der Verwaltung sensibilisieren.
Entscheidungsprozesse – Erkenntnisse	Struktur an Alltagsorganisation anlehnen; Team »so klein wie möglich, so groß wie nötig«; Schicht-/Durchhaltefähigkeit sicherstellen; klare Rollen, Regeln und Alarmierungswege; Räume/Ausweichräume, Material und Visualisierung vorbereiten; Fürsorge und Interessenkonflikte regeln.
Kurzfazit	Krisen/Katastrophen mit **Stabsarbeit**, nicht Normalorganisation bewältigen → üben, evaluieren, fortschreiben = Verwaltung bleibt handlungsfähig

3.1.6 Praxis-Tipps kompakt: Krisenbewältigung und Krisenmanagementteams

Sofort (heute bis 30 Tage)

- Festlegungen und Treffen der Mitarbeitenden im Stab.
- Aktivierungskriterien definieren (z. B. Personengefährdung, KRITIS-Ausfall, Medienlage, Behördenersuchen) und Alarmierungswege testen.
- Koordinierungsgruppe Stab aufsetzen (Vor-/Nachbereitung der Sitzungen, Maßnahmenverfolgung).
- Kontakt-/Ressourcenlisten, Verteiler, Darksite und Vorlagenpaket (Lagemeldung, Beschlussvorlage, Presse, Weisung) bereitstellen – auch offline.

Rollen und Zusammensetzung

- Team »so klein wie möglich, so groß wie nötig«; ereignisabhängig Fachberater ad hoc hinzuziehen (interne, ereignisspezifische Stabsmitglieder: Bau, IT-Sicherheit, Recht, PSNV, externe ereignisspezifische Stabsmitglieder wie z. B. KRITIS-Betreiber).
- Eignung prüfen: Fachlichkeit, Selbstbetroffene/Interessenkonflikte früh erkennen.

Arbeitsweise und Entscheidungen

- Bekannte Strukturen/IT nutzen: feste Sitzungsroutine (Lage – Optionen – Entscheidung – Auftrag – Controlling).
- Auftragstaktik: Ziel und Rahmen vorgeben, Umsetzung vor Ort ermöglichen.
- Dokumentationspflicht: Einsatztagebuch, Entscheidungsalternativen und Begründung, Maßnahmen-Owner und Fristen.
- Lagebild diszipliniert: Quellenbewertung (»gesichert/wahrscheinlich/Gerücht«) und Annahmen markieren.

Räume, IT und Logistik

- Stabsraum und Ausweichstandort mit Visualisierung, Telefonkonferenz/Funk, Notstrom, redundante IT/Netz, Druck/Scan; Acht-Stunden-Ablösefähigkeit sicherstellen.
- Materialkiste: Namensschilder, Board-Karten, Checklisten, Moderations-/Kartenset, Papierpläne, USB-Back-ups.

Kommunikation (intern/extern)

- One Message Strategy: freigegebene Kernbotschaften, autorisierte Sprecher, Freigabeprozess.
- Kanäle orchestrieren: Sirenen/Cell Broadcast/NINA, Website/Darksite, Social Media, Bürgertelefon.
- Interne Kurzlage an Führung/Ämter im festen Takt; sensibles Fürsorge-/ Ausschlussverfahren kommunizieren.

Schicht und Fürsorge

- Mindestens Zwei- bis Dreifach-Besetzung je Schlüsselrolle; Schichtplan und Übergabeprotokoll.
- Verpflegung, Ruhezeiten, PSNV/Peer-Support organisieren, Überlastung aktiv managen.

Spontan-Teams

- Meldestelle und Aufgabenpool für Spontanhelfende; Einweisung, PSA, Haftung/Versicherung klären.

Andere Behörden einbinden

- Frühzeitige Lage-/Maßnahmen-Synchronisation mit Führungsstab Feuerwehr, Nachbarkommunen, Polizei/Bezirksregierungen (Mittelbehörden).

Partner einbinden

- KRITIS-Betreiber.

Üben und Nachbereiten

- Stabsrahmenübung (inkl. Kommunikationslage und Desinformation) in regelmäßigen Abständen, das gilt auch für Vollübungen; Lessons Learned im Maßnahmenplan mit klaren Zuständigkeiten und klaren Fristen (Owner/Deadline).
- Hot Wash Up < 72 h, Nachbesprechung binnen 30 Tagen; Pläne, Checklisten, Kontaktlisten fortschreiben.

Merksätze

- In der Krise wird mit Hilfe des Stabes geführt.
- Klein starten, lagegerecht skalieren.
- Entscheiden unter Unsicherheit – dokumentieren schafft Legitimität.
- Eine Botschaft, viele Kanäle.

3.2 Krisenkommunikation

3.2.1 Kommunikation als entscheidender Erfolgsfaktor

Krisen sind Ausnahmesituationen – sie unterbrechen Routinen, erzeugen Unsicherheit und verlangen Entscheidungen unter Druck. Dabei ist nicht nur das Handeln entscheidend, sondern auch wie darüber kommuniziert wird. Eine Krise, die operativ gut bewältigt wird, kann in der öffentlichen Wahrnehmung scheitern, wenn die Kommunikation unzureichend oder ungeschickt erfolgt. Umgekehrt kann transparente, empathische und glaubwürdige Kommunikation erheblich zur Stabilisierung der Lage und zur Stärkung des Vertrauens in die Verwaltung beitragen.
Kommunale Krisenkommunikation hat dabei eine doppelte Verantwortung:

1. **Intern** muss sie Mitarbeitende informieren, einbinden und arbeitsfähig halten.
2. **Extern** muss sie die Öffentlichkeit sachlich, zielgerichtet und beruhigend informieren.

Im kommunalen Kontext – also auf Ebene von Landkreisen und kreisfreien Städten – sind die Herausforderungen dabei besonders vielschichtig:

- Der Verwaltung kommt eine zentrale Steuerungs- und Vertrauensfunktion zu – ohne Widerspruch zu Land und Kommunen.
- Medien, Bürgerinnen und Bürger, Unternehmen und Organisationen erwarten schnelle, verlässliche Aussagen.
- Kommunale Kommunikationskanäle sind oft begrenzt in Reichweite und Personalstärke.

Ziel dieses Unterkapitels ist es, Grundlagen, Anforderungen und bewährte Verfahren der Krisenkommunikation im kommunalen Kontext darzustellen und konkrete Handlungshilfen zu geben.

3.2.2 Grundlagen wirksamer Krisenkommunikation

Was ist Krisenkommunikation?
Krisenkommunikation bezeichnet die geplante, zielgerichtete und kontinuierliche Kommunikation während eines außergewöhnlichen Ereignisses, das potenziell die

öffentliche Sicherheit, das Gemeinwohl oder die Handlungsfähigkeit der Verwaltung gefährdet. Sie dient dazu:

- Orientierung zu geben,
- Vertrauen zu schaffen,
- Kooperation zu fördern,
- Fehlinformationen zu verhindern oder zu korrigieren,
- die eigene Organisation als kompetent und verantwortungsvoll zu positionieren.

Tabelle 13: ***Regelkommunikation versus Krisenkommunikation***

Merkmal	Regelkommunikation	Krisenkommunikation
Anlass	Planbar, themengeleitet	Reaktiv oder präventiv bei unvorhergesehenem Ereignis
Zeitdruck	Gering bis mittel	Hoch – Minuten können entscheidend sein
Emotionale Lage	Neutral bis sachlich	Emotional aufgeladen (Unsicherheit, Angst etc.)
Öffentlichkeit	Selektiv	Hoch – Medien und Öffentlichkeit stark interessiert
Risiken bei Fehlern	Moderat	Sehr hoch – Vertrauensverlust, Panik, Imageschäden

3.2.3 Grundprinzipien effektiver Krisenkommunikation

Schnelligkeit

- **»First to inform«**: Wer als Erstes kommuniziert, bestimmt den Deutungsrahmen.
- Frühzeitige Erstinformation ist besser als spätes Vollbild – auch: »Wir wissen noch nicht alles!« kann eine Botschaft sein.

Transparenz

- Klare Aussagen, auch über Unklarheiten.
- Nichts beschönigen, aber auch nicht dramatisieren.
- Fehler offen benennen und Korrekturen kommunizieren.

Einheitlichkeit der Botschaften

- Eine Sprache – eine Botschaft.
- Absprachen innerhalb des Krisenstabs sind essenziell (Presse, Lage, Einsatz).
- Nur autorisierte Sprecher dürfen an die Öffentlichkeit treten.

Zielgruppengerechte Kommunikation

Unterschiedliche Adressaten benötigen eine unterschiedliche Ansprache:

- Bevölkerung: einfach, handlungsorientiert,
- Medien: faktenbasiert, pressegerecht,
- Politik: strategisch, abgestimmt,
- Mitarbeitende: intern, motivationsfördernd.

3.2.4 Organisation der kommunalen Krisenkommunikation

Zuständigkeit und Struktur

- Pressesprecher oder Kommunikationsbeauftragte übernehmen die operative Verantwortung.
- Die Leitung liegt strategisch beim Verwaltungschef (Landrat/OB).
- Krisenkommunikation ist Teil des Krisenstabs (Stabsstelle »Presse/Öffentlichkeit«).
- Klare Vertretungsregeln sichern die Handlungsfähigkeit.

Kommunikationskanäle

- **Digital:** Website, Social Media, E-Mail-Verteiler, Warn-Apps (NINA),
- **Klassisch:** Pressemitteilungen, Radiodurchsagen, Aushänge,
- **Direkt:** Bürgertelefone, Lautsprecherdurchsagen, Infozentren.

Wichtig:

Auch bei einem Ausfall von Strom oder Internet muss die Kommunikation weiterhin möglich sein (z. B. durch mobile Lautsprecherfahrzeuge oder analoge Infopunkte).

Interne Kommunikation

- Kriseninformationen müssen intern zirkulieren – z. B. Lageberichte per Intranet, E-Mail oder tägliche Briefings.

- Mitarbeitende sind wichtige Multiplikatoren und benötigen verlässliche Informationen über Dienstpläne, Schutzmaßnahmen etc.

3.2.5 Vorbereitung auf die Krisenkommunikation

Krisenkommunikationsplan entwickeln

Ein schriftlich fixierter Plan regelt:

- Ansprechpartner und Rollen,
- Kommunikationswege,
- Freigabeverfahren,
- Textbausteine,
- Eskalationsszenarien.

Sprechertraining und Übungen

- Führungskräfte sollten auf medienwirksames Auftreten vorbereitet sein.
- Planspiele müssen die Kommunikation mit Medien und Öffentlichkeit einbeziehen.

Vorlagen und Checklisten bereitstellen

- Vorformulierte Texte zu Szenarien wie:
  - Schulschließungen,
  - Evakuierungen,
  - Wasserverunreinigung,
- Krisen-Wortwahlhilfen (»Wie erklären wir das ohne Panik zu erzeugen?«).

3.2.6 Umgang mit Medien und Öffentlichkeit

Pressearbeit im Krisenfall

- Einladungen zu regelmäßigen Pressebriefings (ggf. digital),
- Proaktive Ansprache der regionalen Medien,
- Zentrale Ansprechpartner benennen, keine Mehrfachauskünfte.

Social Media Management

- Klare Zuständigkeiten – kein unkontrollierter Zugang,
- Monitoring auf Gerüchte, Fake News und Stimmungslagen,

- Rasche Reaktion auf Falschinformationen – faktenbasiert, nicht konfrontativ.

Umgang mit kritischen Stimmen
- Sachlich bleiben – Angriffe nicht emotional erwidern.
- Kritik aufnehmen und differenziert beantworten.
- Bei Fehlberichterstattung Kontakt zur Redaktion suchen.

Besondere Herausforderungen

a) Fehlinformation und Desinformation
  - Gerüchte sind in sozialen Medien schwer kontrollierbar.
  - Ein eigenes »Gerüchte-Update« hilft zur Einordnung (z. B. auf der Website oder als Pressebeitrag).

b) Kommunikationsüberlastung
  - Klare Kanalstrategie: Was wird wo veröffentlicht?
  - Priorisierung der Informationsflüsse: erst intern, dann extern.

c) Multikulturelle und barrierefreie Kommunikation
  - Leichte Sprache, Übersetzungen (z. B. Menschen mit geringen Deutschkenntnissen),
  - Nutzung barrierefreier Kommunikationsmittel (z. B. Gebärdensprache bei Livestreams).

3.2.7 Infobox: Krisenkommunikation

Tabelle 14: ***Krisenkommunikation im Überblick***

Bereich	Kernaussagen
Bedeutung	Kommunikation ist ein Erfolgsfaktor: Sie kann die Lage stabilisieren aber auch Vertrauen zerstören
Doppelte Verantwortung	Intern: Mitarbeitende informieren und arbeitsfähig halten Extern: Bevölkerung und Medien verlässlich informieren
Unterschied zur Alltagskommunikation	**Regelkommunikation**: planbar, geringer Druck, begrenzte Öffentlichkeit **Krisenkommunikation**: unvorhersehbar, hoher Druck, emotional, großes Risiko bei Fehlern

Tabelle 14: ***Krisenkommunikation im Überblick – Fortsetzung***

Bereich	Kernaussagen
Grundprinzipien	▪ Schnelligkeit (»first to inform«) ▪ Transparenz, auch über Unklarheiten ▪ Einheitliche Botschaften (eine Aussage) ▪ Zielgruppengerecht (Bürger, Medien, Politik, Mitarbeitende)
Organisation	▪ Teil des Krisenstabs (»Presse/ÖA«) ▪ Operativ: Pressesprecher/Verantwortlicher Kommunikation ▪ Strategisch: Verwaltungschef ▪ Klare Vertretungsregeln
Kanäle	Digital (Web, Social Media, Apps), klassisch (Presse, Radio, Aushänge), direkt (Hotline, Lautsprecher) – Redundanz sicherstellen
Vorbereitung	▪ Krisenkommunikationsplan mit Rollen, Freigaben, Textbausteinen ▪ Sprechertraining und Übungen ▪ Vorlagen/Checklisten für typische Szenarien
Medien und Öffentlichkeit	▪ Regelmäßige Pressebriefings ▪ Proaktive Medienarbeit ▪ Social Media-Monitoring, schnelle Reaktion auf Falschinformationen ▪ Sachlicher Umgang mit Kritik
Besondere Herausforderungen	▪ Gerüchte und Desinformation → faktenbasierte Updates ▪ Kommunikationsüberlastung → Kanalstrategie ▪ Multikulturelle und barrierefreie Ansprache

3.3 Fake News in Krisenzeiten: Erkennen, Einordnen und Entkräften

Wenn Gerüchte zur Gefahr werden

In der heutigen Informationsgesellschaft verbreiten sich Nachrichten schneller denn je – über Social Media, Messenger-Dienste und Online-Plattformen. Doch nicht jede Information ist wahr. Fake News – absichtlich verbreitete Falschinformationen –

können besonders in Krisen gefährlich werden: Sie erzeugen Unsicherheit, schwächen das Vertrauen in Behörden und können sogar direkt Schaden anrichten, etwa durch Panikverhalten oder Sabotage von Schutzmaßnahmen.

Für Landkreise und kreisfreie Städte als Träger der öffentlichen Sicherheit ist der professionelle Umgang mit Fake News daher keine Nebensache, sondern ein wesentlicher Bestandteil der Krisenkommunikation.

Was sind Fake News?

Fake News sind gezielt verbreitete falsche oder irreführende Informationen, die meist ein bestimmtes Ziel verfolgen – etwa politische Einflussnahme, wirtschaftlichen Schaden oder emotionale Mobilisierung.

Typische Merkmale:

- Dramatisierender oder emotionalisierender Ton,
- Kein oder zweifelhafter Quellenbezug (»anonyme Quelle«, »ein Insider«),
- Aufforderungen zur Weiterverbreitung (»Teilen, bevor es gelöscht wird!«),
- Widerspruch zu offiziellen Mitteilungen,
- Sprachliche Auffälligkeiten, z. B. Verschwörungstheorie-Vokabular.

Warum Fake News besonders in Krisen wirksam sind

Krisen bieten den idealen Nährboden für Fake News:

Tabelle 15: ***Warum Fake News besonders in Krisen wirksam sind***

Faktor	Wirkung
Informationshunger	Menschen suchen nach Orientierung – jede neue Info wird schnell geteilt.
Emotionale Aufgeladenheit	Angst und Unsicherheit senken die kritische Urteilsfähigkeit.
Vertrauenslücken	Wenn Behörden nicht schnell oder offen kommunizieren, füllen andere die Lücke.
Dynamik der sozialen Medien	Algorithmen begünstigen die Reichweite von reißerischen Inhalten.

Best Practices: Fake News professionell begegnen

Viele Verwaltungen stehen Fake News zunächst hilflos gegenüber – sei es wegen fehlender Ressourcen, fehlender Strategien oder Unsicherheit im Umgang mit digitalen Kanälen. Dabei gibt es erprobte Methoden, um gezielt gegenzusteuern. Folgende Best Practice-Beispiele zeigen, wie kommunale Verwaltungen auch mit begrenzten Mitteln erfolgreich gegen Desinformation vorgehen können:

- **»Gerüchte-Ticker« auf der Website oder in Social Media**

  Ein einfaches, aber sehr wirksames Mittel ist ein »Gerüchte-Check« oder »Fakten gegen Falschmeldungen« auf der offiziellen Website oder im städtischen Facebook-/Instagram-Auftritt. Er enthält kurze, regelmäßig aktualisierte Beiträge, z. B.:

  Gerücht: »Alle Kitas im Landkreis bleiben nächste Woche geschlossen.«
  Fakt: Aktuell ist keine generelle Schließung geplant. Einzelne Einrichtungen können bei Personalausfall betroffen sein. Die aktuelle Liste finden Sie [hier].

  Vorteile:

  - Bürgerinnen und Bürger erhalten sofort Klarheit – ohne Medienrecherche.
  - Die Verwaltung zeigt: Wir sind informiert und ansprechbar.

- **Infografiken und Sharepics statt Textwüsten**

  Visuelle Inhalte wirken schneller, emotionaler und sind leichter teilbar. Statt langer Text-PDFs können zentrale Botschaften in Form von Sharepics verbreitet werden – z. B. als Bildpost auf Facebook, Instagram oder WhatsApp:

  - »Was tun bei Stromausfall?« (Checkliste als Bild)
  - »Faktencheck: Nein, es gibt keine Ausgangssperre.«
  - »So erkennen Sie echte Warnungen!«

Tipp:

Einfache grafische Tools wie Canva, Piktochart oder Adobe Express ermöglichen auch ohne Grafikerteam ansprechende Ergebnisse.

- **Messenger-Kanäle für verlässliche Informationen**

  Fake News verbreiten sich oft über Messenger-Dienste (z. B. WhatsApp, Telegram, Signal). Daher ist es sinnvoll, selbst dort präsent zu sein – z. B. über:

- **Broadcast-Listen** mit offiziellen Informationen (bei WhatsApp Business),
- **Telegram-Kanal** mit täglichen Updates,
- **Verlinkung auf verlässliche Quellen** (z. B. Land, RKI, BBK).

Tipp:

Datenschutz beachten, idealerweise keine Rückkanäle oder personenbezogene Daten erheben.

- **Social Media-Monitoring etablieren**
  Fake News erkennen heißt, sie rechtzeitig zu **finden**. Dafür genügt oft schon ein einfaches Social Listening:
  - Eigene Kanäle aktiv beobachten (Kommentare, Nachrichten).
  - Suchbegriffe bei Twitter, Facebook oder in Foren regelmäßig prüfen.
  - Frühzeitige Reaktion: lieber früh und nüchtern widersprechen, als die Debatte sich verselbstständigen zu lassen.

  Optional: Bei größeren Kommunen lohnt sich die Anbindung an professionelle Monitoring-Tools wie Meltwater, Talkwalker oder Ubermetrics.
- **Bürgerinnen und Bürger als Verbündete gewinnen**
  Oft kennen Bürgerinnen und Bürger die Gerüchte in ihrem Umfeld schneller als jede Behörde. Nutze diese Ressource:
  - Hinweisfunktion auf der Website (»Sie haben ein Gerücht gehört? Schreiben Sie uns!«),
  - Multiplikatoren-Netzwerke aktivieren: Schulen, Kitas, Seniorenzentren, Vereine,
  - Schulprojekte oder Veranstaltungen zu »Fake News erkennen« – z. B. mit der VHS oder dem Jugendparlament.
- **Schulung und Sensibilisierung im Haus**
  Auch innerhalb der Verwaltung kursieren in Krisenzeiten teils ungesicherte Informationen. Daher:
  - Interne Mailings mit Faktenchecks (z. B. über das Intranet oder E-Mail-Verteiler),
  - Schulungen zu Desinformation und Kommunikationsverhalten in der Krise,

  - Einen Ansprechpartner oder eine Stelle benennen, die bei Unsicherheit Rückmeldung gibt (z. B. Pressestelle, Stab Öffentlichkeitsarbeit).
- **Kooperation mit Presse und Polizei**
  Regionale Medien und Sicherheitsbehörden sind wichtige Partner bei der Begegnung mit Fake News:
  - Absprachen mit der lokalen Presse zu vertrauenswürdiger Berichterstattung (»Was können wir gemeinsam gegen Fake News tun?«),
  - Kooperation mit der Polizei, wenn strafbare Inhalte (z. B. Volksverhetzung, Aufrufe zu Gewalt) auftauchen,
  - Pressemitteilungen gezielt für Entwarnung nutzen – Falschmeldungen sachlich widerlegen.

3.3.1 Infobox: Handlungsmuster im Umgang mit Fake News

Tabelle 16: *Fake News*

Strategie	Maßnahme
Früh erkennen	Monitoring von Social Media, Meldestelle für Bürgerhinweise
Schnell reagieren	»Gerüchte-Ticker«, Social Media-Posts mit Fakten, Pressemitteilungen
Sichtbar bleiben	Tägliche Updates, wiederholte Klarstellungen, Präsenz auf Messenger und Social Media
Einfach kommunizieren	Sharepics, einfache Sprache, FAQs, Checklisten
Verbündete aktivieren	Multiplikatoren in Schulen, Vereinen, Pflegeeinrichtungen, Politik
Rechtliche Grenzen wahren	Kooperation mit der Polizei bei strafbaren Inhalten
Wissen aufbauen	Interne Schulungen, Zusammenarbeit mit Faktencheck-Initiativen

3.3.2 Praxis-Tipps kompakt: Krisenkommunikation und Umgang mit Fake News

Vorbereitung ist alles

- Lege einen Krisenkommunikationsplan an – mit Rollen, Freigabewegen, Mustervorlagen.
- Definiere und trainiere feste Sprecherinnen und Sprecher für den Krisenfall.
- Baue eine Kanalstrategie auf: Website, Social Media, lokale Presse, Hotline, ggf. Messenger.
- Erstelle vorab Textbausteine für häufige Szenarien (z. B. Evakuierung, Schulausfall, Seuchenschutz).

Im Ernstfall schnell, klar und zielgerichtet kommunizieren

- Frühzeitig kommunizieren, auch wenn noch nicht alle Informationen vorliegen.
- Kommuniziere regelmäßig und wiederhole Kernbotschaften – nicht jeder liest alles beim ersten Mal.
- Sprich zielgruppengerecht: einfache Sprache für Bürgerinnen und Bürger, detailliert für Medien.
- Nutze grafische Formate (z. B. Infografiken, Checklisten) für eine bessere Verständlichkeit.

Intern wie extern klar informieren

- Halte Mitarbeitende mit Lage-Updates, Dienstregelungen und Handlungshinweisen auf dem Laufenden.
- Achte auf einheitliche Botschaften zwischen Krisenstab, Fachämtern und Pressestelle.
- Richte eine Bürgerhotline oder ein Infomail-Postfach ein, um Rückfragen zu kanalisieren.

Fake News früh erkennen und gezielt entkräften

- Beobachte Social Media aktiv – ggf. mit einfacher Beobachtungsliste oder Monitoringtool.
- Richte auf der Website oder in Social Media einen »Faktencheck« oder »Gerüchte-Ticker« ein.
- Reagiere sachlich, schnell und mit Verweis auf verlässliche Quellen.

- Vermeide Rechthaberei – stelle lieber Fakten und Kontext bereit als bloße Korrekturen.

Netzwerke und Partner einbinden

- Nutze lokale Medien als Multiplikatoren für faktenbasierte Kommunikation.
- Arbeite eng mit Polizei, Feuerwehr, Gesundheitsamt, Schulen und Vereinen zusammen.
- Binde Vertrauenspersonen aus der Bevölkerung ein – z. B. Dolmetscher, Gemeindevorstände, Jugendbeiräte.

Nach der Krise: Lernen und verbessern

- Dokumentiere Kommunikationsmaßnahmen und Reaktionen.
- Führe eine Feedbackrunde oder interne Nachbesprechung durch.
- Aktualisiere deinen Krisenkommunikationsplan und trainiere erneut.

Merksätze

- Die Startseite wird zur Krisenseite – Lage, FAQs und Kontakte stehen ganz oben.
- Visualisieren statt Texten: Sharepics »Blackout – so handelst du« und »Fakt oder Fake?« bereitstellen.
- Faktencheck ins Schaufenster: Gerüchte kurz, klar und mit Quelle auf Website/Instagram widerlegen.
- Alle im Haus informiert: täglicher interner Lagebericht mit Link zur offiziellen Infoquelle.
- Vertrauen bereits vor der Krise aufbauen: regelmäßiges Medienfrühstück mit den Lokalredaktionen.
- Push statt Pull: Krisen-Newsletter bzw. Messenger-Kanal für schnelle, direkte Updates.

4 Nachbereitung und Evaluation

4.1 Analyse und Dokumentation

4.1.1 Dokumentation

Eine lückenlose und strukturierte Dokumentation ist während eines Einsatzes von zentraler Bedeutung. Sämtliche relevanten Informationen, Entscheidungen und Maßnahmen sind – je nach Organisation – im Einsatzbericht, im Einsatzleitrechner oder im Einsatztagebuch zu vermerken.
Damit werden mehrere Ziele verfolgt:

- Sicherstellung eines effizienten Informationsmanagements während des Einsatzes,
- Grundlage für die spätere Nachbereitung und Evaluation.

Ziel des Informationsmanagements
Das übergeordnete Ziel des Informationsmanagements besteht darin, den richtigen Personen zur passenden Zeit die relevanten Informationen bereitzustellen. Nur so können diese ein zutreffendes Lagebewusstsein entwickeln. Dabei müssen reine Informationen in verwertbares Wissen überführt werden.

Ein besonderes Augenmerk gilt der Vermeidung von Informationsüberlastung (Information Overflow). Gerade in komplexen Lagen oder bei der Stabsarbeit kann eine unzureichend strukturierte Informationsflut zu unübersichtlichen Lagekarten oder überlangen Lagemeldungen führen.

Eine saubere Dokumentation stellt zudem einen Wissensspeicher für die Führungsebene dar. Sie erleichtert den Führungswechsel erheblich, da nachvollziehbar dokumentiert ist:

- Welche Entscheidungen wurden getroffen?
- Welche Optionen wurden verworfen – und aus welchen Gründen?

Grundproblematiken bei der Bildung eines Lagebewusstseins
Die Herausbildung eines verlässlichen Lagebewusstseins ist mit mehreren systematischen Schwierigkeiten verbunden:

1. Zeitverzögerungen und Informationsbrüche
Jede Führungskraft kann nur auf Informationen zurückgreifen, die in der Vergangenheit erhoben und verarbeitet wurden. Während Kräfte vor Ort

Ereignisse nahezu in Echtzeit wahrnehmen, ist in Stäben häufig mit Verzögerungen von Minuten bis Stunden zu rechnen.

2. Begrenzte menschliche Wahrnehmung
   Menschen nehmen Informationen nur in dem Maße auf, wie sie diese auch mit vorhandenen Denkmustern verarbeiten können. Ungewohnte oder unvorstellbare Eindrücke bleiben oft unbewusst ausgeblendet.
3. Limitierte Aufnahmefähigkeit
   Bei einem Informationsüberfluss blockiert das Gehirn: Wichtige Inhalte können dann nicht mehr verarbeitet werden – selbst, wenn sie von hoher Relevanz sind.
4. Subjektive Wissensbildung
   Aufgenommene Informationen werden stets mit Vorwissen, Überzeugungen und Werten abgeglichen. Daher entstehen aus denselben Informationen oft unterschiedliche Wissensstände. Für den Führungsprozess ist es daher essenziell, diese unterschiedlichen Sichtweisen zu synchronisieren und in der Dokumentation festzuhalten.

Merke:

Gute Dokumentation richtet sich immer nach dem Adressaten. Entscheidend ist nicht die Komplexität der Darstellung, sondern die Verständlichkeit und Nutzbarkeit der Inhalte.

Informationsgewinnung

Die Informationsgewinnung umfasst drei Hauptprozesse:

- Sammeln von Informationen,
- Anfordern von Informationen,
- Auswerten von Informationen.

Informationsquellen sind heute sehr vielfältig, ihre Zuverlässigkeit jedoch stark schwankend. Besonders im Stab ist die Bewertung dieser Quellen eine Kernaufgabe der KGS (Lage/Information).

Zur Bewertung bietet sich folgende Abstufung an:

- gesichert wahr,
- wahrscheinlich wahr,
- Gerücht,
- wahrscheinlich unwahr,
- gesichert unwahr.

In der Praxis liegen häufig entweder zu wenige Informationen oder ein Übermaß an Einzelmeldungen vor. In beiden Fällen ist es erforderlich, Arbeitsannahmen zu formulieren. Diese Annahmen sind zwingend zu dokumentieren und zu kategorisieren:

- begründete Annahme,
- unbegründete Annahme.

Komplexe Lagen müssen so weit vereinfacht werden, dass sie kognitiv verarbeitet werden können. Eine übermäßige Vereinfachung führt jedoch zu Fehlinterpretationen. Daher ist das Lagebewusstsein kontinuierlich zu überprüfen und fortzuschreiben.

Zur Lagewahrnehmung gehören auch bewusste Falschinformationen (»Fake News«). Wie das Thomas-Theorem bereits 1928 formulierte:

Wenn Menschen eine Situation als real definieren, so ist sie in ihren Folgen real.

Schließlich muss das Lagebewusstsein über das unmittelbare Handeln hinausgehen: Es umfasst sowohl das »große Bild« (z. B. das langfristige Einsatzziel) als auch die Absichten der übergeordneten Führung.

Das Einsatztagebuch

Das Einsatztagebuch bildet den chronologischen Ablauf eines Einsatzes ab. Es dient sowohl der internen Führungsarbeit als auch der späteren Nachvollziehbarkeit. Empfehlungen zur Führung:

- fortlaufende Nummerierung der Einträge und Unterlagen,
- Dokumentation sämtlicher Eingänge und Ausgänge (z. B. Meldungen, Befehle, Rückmeldungen),
- zentrale Dokumentation bei der Kommunikation über die KGS,
- Verpflichtung jedes Stabsmitglieds, individuell erhaltene Informationen unverzüglich in die Dokumentation einzubringen.

Die Dokumentation kann später auch externen Stellen zur Verfügung gestellt werden müssen, u. a.:

- der Staatsanwaltschaft (Strafverfahren),
- parlamentarischen Untersuchungsausschüssen (politische Aufarbeitung),
- der Öffentlichkeit und den Medien (Informationsfreiheitsgesetz).

Die Inhalte der Einsatzdokumentation werden durch den Einsatzleiter festgelegt. Für die Richtigkeit trägt der Leiter des Einsatztagebuchs die Verantwortung.
Mindestens folgende Inhalte sollten dokumentiert werden:

- Lageberichte,
- Ergebnisse von Lagebesprechungen,
  - diskutierte Optionen,
  - getroffene Entscheidung,
  - Begründung der Entscheidung,
- An- und Abwesenheit von Stabsmitgliedern oder Führungskräften vor Ort,
- besondere Ereignisse, z. B. Besuche.

4.1.2 Evaluation

Jede Krisenbewältigung bedarf einer systematischen Evaluation. Ziel ist es, Erkenntnisse zu gewinnen, die zur Vermeidung künftiger Krisen sowie zur Optimierung der Krisenvorbereitung beitragen. Evaluation dient nicht der Suche nach Schuldigen, sondern der Verbesserung von Strukturen, Prozessen und Kompetenzen.

Grundsätze der Evaluation
Eine belastbare Evaluation sollte auf wissenschaftlichen Methoden und Standards basieren, um eine größtmögliche Objektivität zu gewährleisten. Häufig eingesetzte Instrumente sind:

- Befragungen (Umfragen, Interviews),
- Beobachtungen (teilnehmend oder nicht-teilnehmend),
- Analyse der Einsatzdokumentation (z. B. Einsatztagebuch, Lageberichte).

Durch diese Verfahren wird sowohl die Effektivität von Maßnahmen überprüft als auch die Verantwortungsübernahme durch die Führungsebene unterstützt.

Dimensionen der Evaluation
Eine umfassende Evaluation berücksichtigt drei Kernbereiche:

1. Personal: Kompetenzen, Belastbarkeit, Führungsverhalten und Teaminteraktion,
2. Krisenorganisation: Abläufe, Entscheidungswege, Kommunikation, Ressourcennutzung,
3. Technik: Infrastruktur, Ausstattung, Informations- und Kommunikationstechnik.

Während technische Anpassungen unter Berücksichtigung des Budgets oft relativ einfach umsetzbar sind, erfordern organisatorische Veränderungen tiefgreifendere Eingriffe in Strukturen und Prozesse. Am komplexesten sind jedoch personelle Konsequenzen. Nicht alle Defizite lassen sich durch Trainings- oder Fortbildungsmaßnahmen ausgleichen. In manchen Fällen muss festgestellt werden, dass bestimmte Personen für den Einsatz in kritischen Funktionen ungeeignet sind – mit der Konsequenz, sie dort künftig nicht mehr einzusetzen.

Eine gute Methode zur Evaluation der Krisenorganisation ist die sogenannte Start-Stop-Continue-Methode, auch bekannt als Start-Stop-Keep. Sie dient dazu, das eigene Verhalten (Abläufe, Entscheidungswege, Kommunikation, Ressourcennutzung) bewusst zu reflektieren und zielgerichtet weiterzuentwickeln. Im Mittelpunkt stehen drei Leitfragen:

- **Start:** Welche neuen Maßnahmen solltest du künftig in deinen Arbeitsablauf integrieren?
- **Stop:** Welche Tätigkeiten solltest du künftig vermeiden oder vollständig einstellen?
- **Continue/Keep:** Welche Vorgehensweisen funktionieren bereits gut und sollten unbedingt beibehalten werden?

Auf den ersten Blick wirken diese Fragen wie eine gewöhnliche Rückschau. Durch eine konsequente und wiederkehrende Anwendung entwickeln sie jedoch eine nachhaltige Wirkung und unterstützen die kontinuierliche Verbesserung sowie Leistungssteigerung.

Dokumentation der Ergebnisse

Die Resultate der Evaluation werden typischerweise in strukturierten Berichtsformaten aufbereitet, etwa in:

- After Action Reports (AAR),
- Lessons Learned-Berichten,
- vergleichbaren analytischen Abschlussdokumenten.

Diese Berichte bündeln die wichtigsten Erkenntnisse und ermöglichen eine systematische Rückkopplung in den Krisenmanagementzyklus.

Nutzung der Evaluationsergebnisse

Die gewonnenen Einsichten sind in zwei zentrale Phasen des Krisenmanagements einzuspeisen:

1. Prävention: Optimierung von Strategien zur Risikominimierung und Vermeidung zukünftiger Krisen.
2. Vorbereitung: Verbesserung der operativen Einsatzbereitschaft (z. B. durch aktualisierte Pläne, Schulungen, Übungen, Ressourcenplanung).

Von entscheidender Bedeutung ist dabei die nachhaltige Integration der Evaluationsergebnisse in die Organisation. Erkenntnisse sollen nicht nur dokumentiert, sondern aktiv in Arbeitsprozesse, Ausbildungsinhalte und Entscheidungslogiken übernommen werden.

Institutionelles Lernen

Für den langfristigen Erfolg muss die Evaluation zu einem Bestandteil der Organisationskultur werden. Nur wenn aus Fehlern und Erfolgen gleichermaßen gelernt wird, entsteht ein belastbares institutionelles Gedächtnis. Dieses kontinuierliche Lernen bildet die Grundlage für eine nachhaltige Verbesserung und Stärkung des Krisenmanagements.

Fazit

Jede Krisenbewältigung sollte systematisch evaluiert werden, um Erkenntnisse für die zukünftige Krisenvermeidung und -vorbereitung zu gewinnen. Ziel ist eine objektive Analyse, nicht die Zuweisung von Schuld. Grundlage bilden wissenschaftlich fundierte Methoden wie Umfragen, Interviews, Beobachtungen und die Auswertung vorhandener Einsatzdokumente.
Eine ganzheitliche Evaluation berücksichtigt drei Dimensionen:

- Personal: Kompetenzen, Belastbarkeit und Führungsverhalten,
- Organisation: Abläufe, Entscheidungsstrukturen und Kommunikationswege,
- Technik: eingesetzte Systeme und Ausstattung.

Die Ergebnisse werden in strukturierten Berichten (z. B. After Action Reports (AAR), Lessons Learned) zusammengefasst und sollen in präventive Maßnahmen zur Risikominimierung sowie in vorbereitende Aktivitäten zur Stärkung der Einsatzfähigkeit einfließen.

Entscheidend ist jedoch die nachhaltige Verankerung der Erkenntnisse in der Organisationskultur und den alltäglichen Arbeitsprozessen. Nur wenn Lessons Learned aktiv in Routinen, Verfahren und Trainings integriert werden, entstehen dauerhaft belastbare Verbesserungen im Krisenmanagement.

4.1.3 Infobox: Nachbereitung und Evaluation im Krisenmanagement

Tabelle 17: ***Nachbereitung und Evaluation***

Thema	Kernaussagen
Dokumentation	Lückenlose, strukturierte Aufzeichnung aller Infos, Entscheidungen, Maßnahmen → Einsatzbericht, Einsatzleitrechner, Einsatztagebuch
Ziele der Dokumentation	▪ Effizientes Informationsmanagement ▪ Basis für Nachbereitung und Evaluation ▪ Wissensspeicher für Führungswechsel
Informationsmanagement	▪ Richtige Infos zur richtigen Zeit bereitstellen ▪ Vermeidung von Informationsüberlastung ▪ Informationen → Wissen transformieren
Probleme Lagebewusstsein	▪ Zeitverzögerungen/Brüche ▪ Begrenzte Wahrnehmung ▪ Überlastung des Gehirns ▪ Subjektive Wissensbildung
Informationsgewinnung	▪ Sammeln, Anfordern, Auswerten ▪ Quellenbewertung: gesichert wahr → gesichert unwahr ▪ Dokumentation von Arbeitsannahmen (begründet/unbegründet) ▪ Fake News berücksichtigen (Thomas-Theorem)
Einsatztagebuch	▪ Chronologische Dokumentation ▪ Inhalte: Meldungen, Entscheidungen und Begründungen, Anwesenheiten, besondere Ereignisse ▪ Externe Verwendbarkeit: Justiz, Parlamente, Medien
Evaluation – Ziel	Systematische Analyse zur Verbesserung, nicht Schuldzuweisung
Methoden	Befragungen, Beobachtungen, Auswertung Einsatzdokumente
Dimensionen	1. Personal (Kompetenzen, Belastbarkeit, Führungsverhalten) 2. Organisation (Abläufe, Kommunikation, Ressourcen) 3. Technik (Infrastruktur, IuK-Systeme)
Dokumentation der Ergebnisse	After Action Reports (AAR), Lessons Learned, Abschlussberichte

Tabelle 17: ***Nachbereitung und Evaluation – Fortsetzung***

Thema	Kernaussagen
Nutzung	▪ Prävention: Strategien zur Risikominimierung ▪ Vorbereitung: Pläne, Übungen, Ressourcen anpassen
Institutionelles Lernen	Evaluation in der Organisationskultur verankern → kontinuierliches Lernen und nachhaltige Verbesserung.
Kurzfazit	Nur durch systematische Dokumentation und Evaluation entsteht ein belastbares institutionelles Gedächtnis → Krisenmanagement wird dauerhaft gestärkt.

4.1.4 Praxis-Tipps kompakt: Nachbereitung und Evaluation im Krisenmanagement

Grundsatz: Dokumentation ist Führung. Evaluation ist Verbesserung – nicht Schuldzuweisung.

Während der Lage – Mindeststandard Dokumentation

- Einsatztagebuch führen: fortlaufende Nummern, Zeitstempel, Eingänge/Ausgänge, Befehle/Rückmeldungen, An-/Abwesenheiten, besondere Ereignisse.
- Quelle bewerten und markieren: **gesichert/wahrscheinlich/Gerücht/wahrscheinlich unwahr/gesichert unwahr**.
- Annahmen kennzeichnen: **begründet** oder **unbegründet** (mit Datum/Verfasser).
- KGS/Lage führt die Informationsbewertung; jedes Stabsmitglied liefert Infos unverzüglich zentral ein.

Unmittelbar nach Lageende (T+0–24 h)

- »**Hot Wash Up**« (30–60 min): Was lief gut? Was hinderte? Was ändern wir sofort?
- **Beweissicherung:** Protokolle, Funk/Telefonlisten, E-Mails, Karten, Chat-Exporte, Fotos sichern (schreibgeschützt).
- **Dokumentationsleiter benennen** (verantwortet Vollständigkeit) und Dokumentationscheck durchführen.
- **Kommunikationslage** festhalten: Kernbotschaften, Korrekturen, Gerüchteverlauf.

Binnen 72 h

- **AAR-Kickoff** (After Action Report): Ziel, Umfang, Timeline, Rollen (Leitung Evaluation, Fachexperten, Datenschutzbeauftragte).
- **Datenraum** anlegen (versionssicher, zugriffsbereinigt, DSGVO-konform).
- **Stakeholder einbinden:** Einsatz, Presse/Öffentlichkeitsarbeit, IT, Personalrat, Datenschutz, Partner (BOS/KRITIS).

AAR/Lessons Learned – Vorgehen

- **Drei Dimensionen prüfen:** Personal (Kompetenz, Führung, Team), Organisation (Abläufe, Entscheide, Kommunikation, Ressourcen), Technik (IKT, Ausstattung).
- **Kennzahlen erfassen:** Alarm-/Reaktionszeiten, Entscheidungsdauer, Kommunikationslatenz, Verfügbarkeit kritischer Systeme, Evakuierungs-/Versorgungsquoten.
- **Stop-Start-Continue sammeln**: Was sollten wir anfangen (Start)? Womit sollten wir aufhören (Stop)? Was sollten wir beibehalten (Continue)? Top-5-Maßnahmen priorisieren (Impact × Machbarkeit).
- **Maßnahmenregister anlegen**: Maßnahme, Verantwortliche/r, Termin, Ressourcen, Erfolgsindikator.

4

Typische Fallstricke vermeiden

- **Info-Overflow** → filtern, visualisieren, priorisieren (max. drei Kernlagenbilder).
- **Über-/Untervereinfachung** → Annahmen explizit machen, regelmäßig prüfen/aktualisieren.
- **Bias und Autoritätsgläubigkeit** → Gegenlesen, »Red Team«, die einen simulierten Cyber-Angriff durchführen für kritische Annahmen.
- **Selbstbetroffenheit** → konsequent aus kritischen Funktionen herauslösen.

Recht und Transparenz

- Aufbewahrungspflicht beachten (Staatsanwaltschaft, Untersuchungsausschüsse möglich oder pflichtig z. B. nach dem Infektionsschutzgesetz).
- Datenschutz: Datenschutzbeauftragte/n (DSB) früh einbinden, Personenbezug minimieren, Rollen-/Rechtekonzept.
- Nach außen: Ergebnis-Statement veröffentlichen (ohne Schuldzuweisung, mit Maßnahmenplan).

Verankerung in die Organisation (kontinuierlicher Verbesserungsprozess)

- Maßnahmen in Pläne, SOPs, Checklisten, Aus-/Fortbildung überführen.
- Übungsplan anpassen (inkl. Kommunikations- und Stabsübungen).
- Review-Schleife: 30/90/180-Tage-Controlling des Maßnahmenregisters.

Kurz-Checkliste (zum Abhaken)

- □ Dokumentationsleitung benannt und Daten gesichert.
- □ Hot Wash Up durchgeführt.
- □ AAR-Team und Zeitplan festgelegt.
- □ Quellen bewertet und Annahmen dokumentiert.
- □ Kennzahlen erhoben.
- □ Top-5-Maßnahmen priorisiert.
- □ Maßnahmenregister mit Verantwortlichen/Terminen.
- □ SOPs/Pläne aktualisiert.
- □ Übung/Training geplant.
- □ Ergebnis intern/extern kommuniziert.

Merksätze

- So viel wie nötig – so klar wie möglich.
- Nicht dokumentiert = nicht passiert.
- Evaluation endet erst, wenn die Änderung in der Praxis ankommt.

4.2 Lernen aus Krisen – Wunsch oder Wirklichkeit im Bevölkerungsschutz?

4.2.1 Krisen und ihre aktuelle gesellschaftliche Bedeutung

Krisen sind unvermeidliche Bestandteile des menschlichen Lebens. Zu differenzieren sind individuelle (persönliche) Krisen einzelner Menschen oder kleinerer Gruppen, Krisen einer Gesellschaft (eines Staates) oder globale Krisen. Nach Ansicht der Krisensoziologie (Kieler Schule: Lars Clausen, Wolfgang Dombrowski; Katastrophenforschungsstelle Berlin: Martin Voss) sind Krisen und Katastrophen in Entstehung, Ausprägung und Folgen soziale Prozesse, »entsetzliche« soziale Prozesse.[14] Dies gilt

14 Vgl. Clausen, L., Geenen, E. M., Macamo, E.: Entsetzliche soziale Prozesse: Theorie und Empirie der Katastrophe, 2003.

auch für die denkbar größte Krise oder Katastrophe, den Krieg. Auch die dahingehenden Bewältigungsmaßnahmen Zivilschutz, zivile Verteidigung und militärische Verteidigung (Konfrontation) sind sozial-gesellschaftlich strukturiert.

Ausgangspunkt ist die grundlegende Krisenhaftigkeit des Sozialen in seiner expliziten Form. Damit schließt der umfassendere Begriff »Krise« die Begriffe Katastrophe, Zivilschutzfall und Verteidigungsfall/Krieg mit ein. Derartige Krisen sind immer an soziale Bewertungssysteme gebunden, es gibt keine Krise an sich. So ist es eine gesellschaftliche Bewertung, ob die Ahrtal-Flut im Juli 2021 nach dem Tief Bernd als Krise, bzw. als gesellschaftliche, gesamtstaatliche Krise zu bewerten ist. Dasselbe gilt z. B. für Covid-19 (Corona), den Klimawandel oder die »Flüchtlingskrise« in Deutschland 2015. Es fehlen objektive Kriterien. Krise ist, was anhand der Fakten und subjektiver Kriterien als Krise wahrgenommen (kommunikativ ausgehandelt) wird. Krise ist auch Interaktion.

So kann entsprechend des All-Gefahrenansatzes eine allgemeine Krisendefinition nur auf die zentralen Bedingungen dieses sozialen Begriffes hinweisen:

1. Bedrohung/Gefahr,
2. Dringlichkeit und Unsicherheit,
3. Gewohnheiten/gewohnte Strukturen versagen,
4. es müssen neue Wege gesucht und gefunden werden.

Die Vorstellung von einer sinnhaft geordneten durchstrukturierten Welt entspricht nicht mehr den aktuellen Wahrnehmungen. Dessen ungeachtet, bestehen in dieser i. d. R. als Chaosphase bezeichneten Anfangssituation der Krisenbewältigung Handlungsnotwendigkeiten (z. B. Menschenleben retten, Alarmierungen durchführen).

Ein Beispiel: Den Beginn bildet ein bedrohliches, i. d. R. lebensbedrohendes Ereignis (Starkregen/Überschwemmungen, Seuche/Pandemie), eine Gefahr für zentrale Schutzgüter des Grundgesetzes. Das Ereignis unterbricht den Normalzustand fundamental, eine sofortige angemessene Reaktion zum Schutz der Werte des Grundgesetzes (Leib, Leben, Gesundheit, Eigentum) ist erforderlich (Dringlichkeit). Es gibt lediglich eine unzureichende Informationslage (zu wenig, zu viel Information), zudem ändert sich die Lage schnell, die Bewertung von vor einer Stunde kann jetzt überholt/falsch sein (Unsicherheit).

Dass mit Krisen auch Chancen – Chancen auf Wachstum, Veränderung, Erkenntnis, Lernen – verbunden sind, wird im Begriff des Risikos deutlicher, tritt aber auch dort gegenüber den drei anderen Faktoren in den Hintergrund. Ulrich Becks Begriff der »Risikogesellschaft« oder »Weltrisikogesellschaft« ist gemeinhin negativ belegt. In seinen Werken arbeitet Beck die soziale und räumliche Entgrenzung von Gefahren heraus, was die Bedeutung von Wissen und Wissensträgern einerseits steigert. Die Gefahren können überall und in jedweder Form auftreten. Andererseits darf dieses Verständnis von ubiquitärer Gefahr die Entscheidungsträger nicht in ihrer Handlungs- und Entscheidungskompetenz einschränken. Sie müssen in der Krise jederzeit möglichst optimale Entscheidungen treffen und aus vergangenen Krisen gelernt haben.

4.2.2 Krisen und Staatsziel: Resilienz des Staates (Wehrhafte Demokratie)

Dabei ist gerade die Nutzung der Chancen Aufgabe und Ziel des Staates, wie dies z. B. in der Selbstdefinition Deutschlands als resilienter Staat bzw. Wehrhafte Demokratie und in dem Staatsziel Resilienz zum Ausdruck kommt. Es geht um die Selbstbehauptung des Staates in jedweder Krisensituation bis hin zum Nato-Bündnis- oder Verteidigungsfall. Die Funktionsfähigkeit des Staates und seiner Gliederungen (Länder, Kreise, Gemeinden) muss gewahrt bleiben. Als weitere potenziell aktuelle gesellschaftliche Krisen sind wie bereits erwähnt sonstige Pandemien, Klimakatastrophen, Wirtschaftskrisen, Kriege oder Hunger zu nennen. Zu historischen Krisen sei auf die großen Kriege (Weltkriege, Napoleonische Kriege, spanischer Erbfolgekrieg), Pest, Spanische Grippe, Finanzkrisen, politische Umbrüche, aber auch Hunger und Naturkatastrophen verwiesen. Die letzten Jahrzehnte zeigen ein gesteigertes Gefahrenpotential durch hybride Bedrohungen, auch in Form von Kaskadeneffekten, in denen sich mehrere realisierte Risiken zu einer Existenzgefährdung aufschaukeln, anschaulich in Marc Elsbergs Roman »Blackout« (2012) beschrieben. Da in derartigen Krisensituationen potenziell alle in Deutschland Lebenden betroffen sind, sind alle gefordert.

Dessen ungeachtet bleiben auch persönliche Krisen relevant, z. B. der Tod Angehöriger, Krankheit, Trennung, der Verlust des Arbeitsplatzes oder finanzielle Notlagen.

Spätestens seit Beginn des dritten Jahrtausends erreichen durch Social Media, Internet und moderne Kommunikationsmittel alle Krisengeschehnisse zumindest medial große Teile der Bevölkerung. Viele Ebenen, gesellschaftliche Gruppen und Organisationen sind involviert, so dass Krisen schnell zum Stresstest einer Gesellschaft werden. Umso wichtiger ist es, aus Krisen zu lernen. Dieses »Lernen und Gelernthaben« wird von Medien und der Gesellschaft aufmerksam beobachtet. So wird z. B. über das Verhalten des zuständigen Landrates des Kreises Ahrweiler seit 2021 immer wieder berichtet, im Juli 2025 liegt der Schwerpunkt auf dem Disziplinarverfahren und der Kürzung der Pension.

Zusammenfassend bedeutet dies, dass der resiliente Staat bzw. die wehrhafte Demokratie schon aufgrund ihrer Selbstdefinition fordert, dass alle vom Gesamtstaat bis zum Einzelnen aus Krisen lernen.

4.2.3 Auswirkungen von Krisen

Krisen sollten zu Reflexionen, zu Rückbesinnungen auf das Wesentliche, das wirklich Wichtige führen. Sie fördern und erfordern auch Kreativität und Innovation. Ohne Corona hätte Deutschland nicht so schnell den Schritt Richtung Digitalisierung, digitales Lernen oder Home-Office getan. Ein Beispiel ist hier die Bundesakademie für Bevölkerungsschutz und Zivile Verteidigung (BABZ) des BBK. Bis zum konkreten Gefahrenbewusstwerden von Corona (März 2020, Bergamo) war digitaler oder Online-Unterricht abgesehen von einigen Leuchttürmen eher selten, einzelne Online-Vorträge oder Veranstaltungen schwierig und nur ungern gesehen, teilweise bestand die Tendenz, bestehende Online-Veranstaltungen zurückzufahren. Seit 2021 sind Online-Unterrichte selbstverständlich geworden. So wurden im Jahr 2025 die Hälfte der Grundlagenseminare online durchgeführt und damit neue Zielgruppen erschlossen (bspw. Beschäftigte mit Betreuungsverpflichtungen, die sich nicht weit von ihrem Zuhause entfernen können).

Krisen können auch zu persönlichem Zugewinn führen, zu einem Wachstum in den Bereichen Resilienz, Empathie oder Kooperation. Not macht erfinderisch, wie der Volksmund sagt. Es gab während der Ahrtal-Flut kein generelles Problem mehr in der Zusammenarbeit zwischen BOS und Spontanhelfenden, es entstanden ad hoc neue Strukturen. Alle Beteiligten sind aber der Meinung, dass ein vorheriges Auseinandersetzen mit einer derartigen Situation und Beübung zu noch besseren Ergebnissen geführt und die Chaosphase verkürzt hätte.

In Krisen können sich insgesamt neue Perspektiven zeigen, da ein »Das haben wir immer so gemacht.« nicht passt. Gleichzeitig zeigen Krisen die Leistungsfähigkeit des deutschen Katastrophenschutzsystems mittels Anwendung des Grundsatzes »Führen mit Auftrag« entsprechend der DV 100. Die Lage wird geschildert, dann folgt die Entscheidung/der Auftrag: Was ist zu tun? – nicht: Wie ist es zu tun? Das hat drei Vorteile:

1. Dem Handelnden vor Ort wird überlassen, auf welche Weise er seinen Auftrag ausführt.

2. Der Handelnde vor Ort weiß, auf welcher Sachverhaltsgrundlage die Entscheidung/der Auftrag ergangen ist und kann bei einer Änderung des Sachverhalts/der Lage notwendige Modifikationen vornehmen.
3. Das System zwingt zu echten Entscheidungen, dem Abwägen zwischen Alternativen oder wie der Jurist sagt, zur Ausübung des gesetzlich vorgeschrieben Entschließungs- und Auswahlermessens.

So können Krisen zu positiven Veränderungen führen, z. B. zu gesellschaftlichem Wandel, Reformen, neuen Formen von Solidarität und Hilfsbereitschaft, zu neuen Werten oder dem Rückbesinnen auf alte für irrelevant gehaltene Werte. Seit den Krisen der 20er Jahre des 21. Jahrhunderts sind Selbstschutz und Selbsthilfefähigkeit wieder ein Thema. Deren neue Ausprägung als Spontanhilfe wird immer selbstverständlicher und immer positiver bewertet.

4.2.4 Krisenmanagementkreislauf

Gefahrenabwehr und Katastrophenschutz werden gemeinhin durch den drei bis vierstufigen Katastrophen/Krisenmanagement-Kreislauf dargestellt: Vor der Krise sind Vorbereitungsmaßnahmen sinnvoll, nach der Katastrophe/Krise geht es um die Bewältigung. Es folgt die Wiederaufbauphase, woran sich Krisenpräventionsphasen anschließen. Dies bedeutet:

1. Vorkrisenzeit/Präkrise: Prävention und Vorbereitung,
2. Bewältigung der akuten Krise,
3. Danach: Postkrise: Reflexion und Lernen aus der Krise.[15]

Auch die Krise ist ein immer wiederkehrender Kreislauf: Vor der Krise, in der Krise, nach der Krise. Es gilt immer: nach der (aktuellen) Krise ist vor der (nächsten) Krise. Oder übersetzt auf Managementkonzeptionen: Lernen aus der Krise ist gleichbedeutend mit der Umsetzung des Kontinuierlichen Verbesserungsprozesses (KVP).

15 Vgl. Harmsen, T., Henkel, A.: Soziologische Perspektive, in: Freudenberg/von Lewinski (Hrsg.): Handbuch Bevölkerungsschutz: Grundlagen, Recht, Praxis, München, 2024.

4.2.5 Krisenrisiken

Wie sich in der Ahrtal-Flut gezeigt hat, bestehen besondere Risiken der Überbeanspruchung beteiligter Katastrophenschützer durch Selbstbetroffenheit (in meinem Haus steht Wasser), menschliche Sorge (wie geht es den Familienangehörigen, Freunden und Nachbarn) und starkes Involviertsein (Mein Schwager ist ertrunken). Sie sind Krisenbetroffene und können naturgemäß die notwendige Objektivität nicht aufbringen.

4.2.6 Wissen und Tun

Bei den Entscheidungsträgern muss das notwendige Wissen vorhanden und krisenbezogen nutzbar sein. Das Wissen muss verknüpft, reflektiert, bewertet und entsprechend angewendet werden. Dies wird in der englischsprachigen Literatur als »wisdom« (Weisheit) bezeichnet.[16] Wissen ist insoweit eine Vorstufe von Weisheit. Lernen aus Krisen heißt, dieses Wissen anwendbar zu machen. Damit sollte sofort nach der Krise begonnen werden.

Nach der Krise sollte zuerst ein zweites Erleben der Krise in Form eines Hot Wash Up erfolgen. Hier wird über die Situation gesprochen, ein Debriefing findet statt, in dessen Zuge die Krise rekonstruiert wird, um Fehler in der Krisenbewältigung und in der Krisenvorbereitung zu analysieren. Eine tiefgehende Krisenvorbereitung in Verbindung mit einem hierfür im Vorfeld bereits erstellten Krisenplan (Was ist zu tun, wenn…?) kann sich als sehr hilfreich erweisen.

4.2.7 Beispiel LÜKEX

Alle zwei Jahre wird die Länder- und Ressortübergreifende Krisenmanagementübung (LÜKEX) durchgeführt. Die Organisation übernimmt das entsprechende Referat des BBK. Diese Übungen werden systematisch ausgewertet. Bei der Übung zu einer Gasmangellage 2018 bezogen sich die Erkenntnisse und Auswertungen auf folgende Bereiche:

16 Weichselgartner, J., Karutz, H.: Erkenntnisgewinnung im Bevölkerungsschutz, in: Karutz, H., Geier, W., Mitschke, T. (Hrsg.): Bevölkerungsschutz: Notfallvorsorge und Krisenmanagement in Theorie und Praxis, Heidelberg, 2017.

- Krisenmanagement: Aufbau- und Ablauforganisation, Stabsarbeit,
- Krisenkommunikation,
- Fachliche Erkenntnisse,
- Erkenntnisse im Bereich Bevölkerungsschutz.[17]

Insgesamt wurde der größte Optimierungsbedarf im Bereich Krisenkommunikation gesehen. Krisenkommunikation wird verstanden als »bewusstes, dauerhaftes und geplantes Bemühen gegenseitiges Verständnis und Vertrauen in der Öffentlichkeit aufzubauen und zu pflegen.«[18] Krisenkommunikation ist auch außerhalb der Übung ein ständiges erkanntes Problem.

Kommunikation ist ein wesentlicher Teil des strategischen Krisenmanagements, mit dem Ziel die Deutungshoheit (»lead«) bzgl. der anstehenden Krise zu erlangen und zu behalten. Gerade letzteres bedingt, dass die vermittelten Informationen glaubwürdig und vertrauenschaffend sind. Zu differenzieren ist die interne und externe Krisenkommunikation.

Leider sind die Erfahrungen aus der LÜKEX-Übung zur Pandemie nicht ins Krisenmanagement eingeflossen bzw. praxiswirksam geworden.

Interne Krisenkommunikation

Aufgrund des auch in einer praxisnahen Übung wie LÜKEX durchaus vorhandenen Stressfaktors kommt dem kommunikativen Umgang der Stabsmitglieder miteinander eine besondere Bedeutung zu. Wesentlich ist es, die Überflutung mit eher unbedeutenden Informationen zu vermeiden und eine Reduktion auf Kernbotschaften unter Beachtung der notwendigen Kommunikationsdisziplin (nur das Notwendige, in der notwendigen Zeit, nicht mehr, nicht länger) durchzusetzen.

Externe Krisenkommunikation

Gleichzeitig wird eine zielgerichtete und zeitnahe Kommunikation mit der Bevölkerung und den Medien immer wichtiger. Social Media müssen genutzt und eng in das Krisenmanagement eingebunden werden. Es sind dazu allgemeinverständliche Begriffe zu benutzen. Standardinformationen zu immer wiederkehrenden Fragen (FAQs) haben sich als sinnvoll erwiesen. Bereits vorher bestehende sachbezogene Netzwerke erleichtern den zielgerichteten Austausch in der Lage.

---

17 BBK: Auswertebericht LÜKEX 18: Gasmangellage in Süddeutschland, Berlin, 2019. (online abrufbar unter: https://www.bbk.bund.de/, zuletzt aufgerufen am: 06.02.2026)

18 Oeckl, A.: Handbuch der Public Relations: Theorie und Praxis der Öffentlichkeitsarbeit in Deutschland und der Welt, Hamburg 1964.

Schuldzuweisungen sind in der Regel nicht sachgerecht und kontraproduktiv. Das früher bevorzugte »Reden durch eine Person (One Voice Policy)« wurde als nicht praktikabel aufgegeben und durch »Reden mit einheitlicher Botschaft (One Message Strategy)« ersetzt. In Baden-Württemberg hat sich beim Beobachten (Monitoring) der Social Media das aus Freiwilligen bestehende »Virtual Operations Support Team (VOST)« besonders bewährt. Das Team konnte Stimmungen innerhalb der Bevölkerung, Informationsbedarfe und Falschinformationen (Fake News) schnell identifizieren. Bewährt hat sich auch das bundesweit agierende VOST des THW. Da mittlerweile auch synthetische Medien Falschmeldungen (Deep Fakes) erzeugen können, die, da mit Künstlicher Intelligenz erstellt, täuschend echt sein können, wird die Entdeckung dieser Fälschungen immer wichtiger.

Beim Umgang mit Spontanhelfenden erscheint eine bundeseinheitliche Strategie sinnvoll.[19] Neben der Kommunikation kommt der Stärkung der Selbsthilfefähigkeit der Bevölkerung besondere Bedeutung zu.[20]

4.2.8 Wie können wir aus Krisen lernen?

Lernbar sind verschiedene Einzelaspekte, die in der Summe den Weg zu mehr Resilienz zeigen. Diese sind in der Regel einzelfall- und personenbezogen, jedoch generalisierbar, aber so vielfältig, wie der Mensch. Denn jede Krise ist anders und eine besondere Ausnahmesituation, die nicht ohne Weiteres generalisierbar ist, aber sie beinhaltet einzelfallbezogene und generalisierbare Lektionen.

Als Resultat einer Krise sind unsere Kompetenzen und Befähigungen, diese zu bewältigen gestiegen:

---

19 Vgl. BBK: Auswertebericht LÜKEX 18: Gasmangellage in Süddeutschland, Berlin, 2019, S. 27, 33, 35 ff., 45 f., 78. (online abrufbar unter: https://www.bbk.bund.de/, zuletzt aufgerufen am: 06.02.2026)
Der Begriff »Soziale Medien« wird bewusst vermieden. Die Neuen Medien (Facebook, Instagramm, TikTok, X (Twitter) etc.) sind wertneutral zu betrachten. »Sozial« ist demgegenüber in der deutschen Sprache kein neutrales Adjektiv, sondern positiv besetzt. Schon »Hauptverwaltungsbeamter (HVB)« wird in weiten Kreisen nicht verstanden, das heute gleichbedeutende »Landrat/(Ober)-Bürgermeisterin« schon. Vgl. auch insgesamt: BBK. Nationales Krisenmanagement im Bevölkerungsschutz, Sprangenberg 10/2008, 145ff, BMI, Krisenkommunikation – Leitfaden für Behörden und Unternehmen.

20 Vgl. BBK: Auswertebericht LÜKEX 18: Gasmangellage in Süddeutschland, Berlin, 2019, S. 59 ff. (online abrufbar unter: https://www.bbk.bund.de/, zuletzt aufgerufen am: 06.02.2026)

a) Steigerung der Kompetenzen

- Steigerung der Handlungskompetenz: Ich habe neue Optionen gesehen und erfolgreich umgesetzt. Ich weiß, zwischen Alternativen nach aktuellem Kenntnisstand zu entscheiden.
- Steigerung der »Inkompetenzkompensationskompetenz«: Ich bin mir meiner Defizite bewusst und habe gelernt damit umzugehen. Ich weiß z. B. wann ich wen fragen sollte und kann mit lagebedingten Unsicherheiten umgehen.
- Massendatenverarbeitungskompetenz: Ich bin mir der Problematik bewusst und weiß, wie ich Hilfen nutze.
- Besondere Bewältigungskompetenz durch Stabsarbeit: Ich weiß, Stabsarbeit gezielt einzusetzen und mich darin zu verhalten. Ein verbessertes Krisenmanagement erlaubt es mir aber auch höhere Risiken einzugehen.

Generell lässt sich sagen, dass durch Erfahrungen (auch in Übungen) der organisatorische Umgang mit Krisen besser beherrscht wird. Zudem sind profunde Kenntnisse im Risiko- und Krisenmanagement von essenzieller Wichtigkeit, da dadurch die Handlungskompetenz ursächlich gefestigt wird. Ein weiterer Schlüsselfaktor ist die Kommunikation.

b) Befähigung/Selbstkompetenz

- Selbstreflexion und Offenheit: Krisen konfrontieren uns mit unseren Werten, Prioritäten und Ängsten. Wer sich darauf einlässt, kann Klarheit gewinnen (z. B. über seine Stresstoleranz und Leistungsfähigkeit in Krisen) – über sich selbst und das, was wirklich bedeutsam ist. Damit ist eine Stärkung der persönlichen Resilienz verbunden.
- Solidarität: In schwierigen Zeiten zeigt sich, wie wichtig die Gemeinschaft ist. Hilfe anzunehmen und zu geben, schafft Verbindung und Vertrauen.
- Selbsterkenntnis: Ich weiß, wo meine Stärken und Schwächen liegen, was ich kann und was nicht.
- Selbstvertrauen: Ich kenne meine Fähigkeiten und meinen Wert für andere und die Sache.[21]

21 Vgl. Parrish, S.: Wer klar denkt, entscheidet besser, München, 2024.

- Veränderungsbereitschaft: Krisen sind oft der Auslöser für notwendige Veränderungen, die wir zuvor vermieden haben. Sie öffnen Türen zu neuen Wegen.

Nicht jede Krise führt automatisch zu persönlichem Wachstum – aber jede bietet die Möglichkeit dazu. Entscheidend ist, wie wir ihr begegnen: mit Offenheit statt Verdrängung, mit Mut statt Resignation. Wer aus Krisen lernt, wird nicht nur widerstandsfähiger, sondern auch weiser. Damit ist jede Krise auch eine Chance.

4.2.9 Infobox: Lernen aus Krisen im Bevölkerungsschutz

Tabelle 18: ***Lernen aus Krisen***

Thema	Kernaussagen
Gesellschaftliche Bedeutung	Krisen = unvermeidbare soziale Prozesse (Naturereignisse, Pandemien, Krieg, Migration) Krise = Ergebnis gesellschaftlicher Bewertung (Bedrohung, Dringlichkeit, Unsicherheit) Chancen: Erkenntnis, Veränderung, Lernen
Staatsziel Resilienz	▪ Wehrhafte Demokratie = Funktionsfähigkeit in allen Lagen sichern ▪ Staat, Länder, Kreise, Gemeinden müssen handlungsfähig bleiben ▪ Hybride Bedrohungen und Kaskadeneffekte = steigendes Gefahrenpotenzial ▪ Lernen als Pflicht für Staat und Gesellschaft
Auswirkungen von Krisen	▪ Förderung von Kreativität und Innovation (z. B. Digitalisierung durch Corona) ▪ Neue Formen der Zusammenarbeit (BOS und Spontanhelfende im Ahrtal) ▪ Prinzip »Führen mit Auftrag« stärkt Flexibilität und Entscheidungsfähigkeit ▪ Gesellschaftlicher Wandel, Rückbesinnen auf Selbstschutz und Solidarität
Krisenmanagement-kreislauf	▪ Prävention und Vorbereitung ▪ Bewältigung der akuten Krise ▪ Postkrise: Reflexion und Lernen→ »Nach der Krise ist vor der Krise« (KVP-Prinzip)

Tabelle 18: ***Lernen aus Krisen – Fortsetzung***

Thema	Kernaussagen
Krisenrisiken	▪ Überbeanspruchung Betroffener in Führungsfunktionen ▪ Verlust von Objektivität durch persönliche Betroffenheit
Wissen und Tun	▪ Wissen muss verknüpft, reflektiert und angewandt werden (»Weisheit«) ▪ Hot Wash Up/Debriefing unmittelbar nach der Krise ▪ Krisenpläne und Vorbereitung helfen, Fehler zu vermeiden
Beispiel LÜKEX	▪ Länder- und Ressortübergreifende Krisenmanagementübungen (alle zwei Jahre) ▪ Erkenntnisse: Stabsarbeit, Organisation, Kommunikation, Fachaspekte ▪ Größter Optimierungsbedarf: Krisenkommunikation (intern und extern) ▪ Wandel: von »One Voice Policy« → »One Message Strategy«
Lernfelder	▪ Kompetenzen: Handlungskompetenz, Unsicherheitsbewältigung, Massendatenverarbeitung, Stabsarbeit ▪ Selbstkompetenz: Reflexion, Solidarität, Selbsterkenntnis, Selbstvertrauen, Veränderungsbereitschaft
Fazit	Krisen = Chance für Resilienz und Weisheit Lernen erfordert Offenheit, Mut und Integration in Strukturen und Kultur.

4.2.10 Praxis-Tipps kompakt: Lernen aus Krisen im Bevölkerungsschutz

Grundhaltung und Governance

- Fehlerfreundliche Lernkultur verankern: »keine Schuldzuweisung – konsequente Verbesserung«.
- Rollen klären: Lessons Learned-Beauftragte/r/AAR-Lead, Datenschutz, Pressestelle, PSNV.

- »Nach der Krise ist vor der Krise« als Leitlinie im Leitbild, Dienstvereinbarungen, SOPs.

Wissen → Handeln

- Einheitlichen AAR-Standard nutzen (Hot Wash Up ≤ 24 h, AAR ≤ 30 Tage).
- Maßnahmenregister führen (Maßnahme, Verantwortlicher, Termin, Budget, KPI) mit 30/90/180-Tage-Reviews.
- Wissensdatenbank aufbauen (Checklisten, FAQs, Sharepics, Vorlagen); Versionierung strikt.

Kompetenzen stärken

- Stabsarbeit, Auftragstaktik, Daten-/KI-Kompetenz, Social Media-Kommunikation regelmäßig trainieren.
- Simulierter »Cyber«-Angriff durch ein Red-Team/»kritischer Freund« etablieren: Annahmen, Gerüchte, Deep Fakes aktiv prüfen.
- Interkulturelle Kompetenz und Diversität im Team erhöhen; Multiplikatoren benennen.

Hybride Bedrohungen und Kommunikation

- Lagebild vernetzen: physisch + Cyber + Medienmonitoring (VOST/Monitoring-Tool).
- One Message Strategy, Gerüchte-Ticker/Faktencheck, mehrsprachige/barrierefreie Botschaften.
- Messenger-Broadcast/Telegram-Kanal vorbereiten; Krisen-Sharepics vorproduzieren.

Netzwerke und Spontanhelfende

- Vorab-Absprachen mit KRITIS-Betreibern, Medien, Polizei, Hilfsorganisationen.
- Spontanhelfende integrieren (Rollen, Haftung, Einweisung); Alternativangebote kommunizieren.

Fürsorge und Objektivität

- Selbstbetroffene identifizieren und ablösen; PSNV anbieten.
- Entscheidungs- und Kommunikationsdisziplin sichern (kurz, klar, konsistent).

Übungen und Szenarien

- Jahresübungsplan mit hybriden Kaskaden (z. B. Strom + Cyber + Desinformation) und FAQ-Stress-Test.
- LÜKEX-Lehren lokal umsetzen: Schwerpunkt **Krisenkommunikation** üben.

Quick Wins (heute starten)

1. Hot Wash Up-Template und AAR-Schablone bereitstellen.
2. Maßnahmenregister anlegen und Verantwortliche benennen.
3. Gerüchte-Rubrik/Sharepic-Set vorbereiten (DE/EN und Leichte Sprache).
4. Social-Listening einrichten, Pressenotrufkette testen.
5. Liste »kritische Funktionen – Stellvertreter« aktualisieren.

Merksätze

- Nicht gelernt = wiederholt.
- Nur was umgesetzt wird, zählt.
- Transparenz schafft Vertrauen – auch über Ungewissheiten.

5 Praxisbeispiele und Fallstudien

5.1 Erfolgreiches Krisenmanagement in der Verwaltung

Lernen von der Praxis

Krisenmanagement ist keine rein theoretische Disziplin. Es lebt von realen Erfahrungen, praktischen Abläufen, spontanen Entscheidungen und menschlichem Handeln unter Druck. Gerade in der Verwaltungspraxis zeigt sich, was in der Theorie oft nur skizziert werden kann: Wie funktionieren Strukturen unter Stress? Wie reagieren Teams, wenn Routinen versagen? Und welche Entscheidungen haben sich in der Realität bewährt?

Für Kommunen und andere Verwaltungseinheiten ist es deshalb nicht nur sinnvoll, sondern essenziell, erfolgreiche Fallbeispiele zu analysieren, zu reflektieren und daraus Erkenntnisse für die eigene Vorbereitung und Reaktion abzuleiten. Die Auseinandersetzung mit gelungenem Krisenmanagement stärkt das Verständnis für wirksame Handlungsstrategien, die Wertschätzung funktionierender Strukturen, die Motivation von Mitarbeitenden und vor allem: die Lernkultur innerhalb von Verwaltungen.

Dieses Kapitel stellt ausgewählte Praxisbeispiele vor, die nicht idealisiert, sondern realitätsnah und nachvollziehbar zeigen, was in konkreten Krisensituationen funktioniert hat – und warum. Dabei geht es nicht um das »Abfeiern« einzelner Einsätze, sondern um übertragbare Lehren: Welche Rahmenbedingungen waren entscheidend? Welche Maßnahmen haben gewirkt? Was davon lässt sich auf andere Kontexte übertragen?

Erfolgreiches Krisenmanagement zeigt sich nicht nur in stabilen Ergebnissen, sondern vor allem im klugen Umgang mit Unsicherheit. Dieses Kapitel lädt dazu ein, Verwaltungshandeln in Krisen nicht nur zu bewerten, sondern gezielt davon zu lernen – um im Ernstfall besser vorbereitet zu sein.

Warum Praxisbeispiele wichtig sind

In Übungen und Plänen wird oft davon ausgegangen, dass alle Systeme verfügbar sind, alle Rollen besetzt und alle Prozesse reibungslos ablaufen. Die Realität sieht anders aus: Entscheidungen müssen ohne vollständige Lageinformationen getroffen werden, Ressourcen sind knapp, Kommunikation läuft über viele Ebenen und die

Öffentlichkeit erwartet sofortige Lösungen.
Praxisbeispiele bieten deshalb:

- **Realitätsnähe:** Sie zeigen, wie Verwaltung unter echten Bedingungen funktioniert.
- **Orientierung:** Sie helfen beim Aufbau eigener Strukturen und Notfallpläne.
- **Fehlervermeidung:** Gute Beispiele zeigen auch implizit, was man **nicht** tun sollte.
- **Mut:** Sie motivieren kommunale Akteure, im Ernstfall Verantwortung zu übernehmen.

Erfolgsfaktoren eines guten kommunalen Krisenmanagements

Was macht gutes Krisenmanagement in Kommunen aus? Diese Frage lässt sich nicht allein aus Leitfäden oder Gesetzen beantworten – sie verlangt einen Blick auf die Praxis. Erst in konkreten Krisensituationen zeigt sich, welche Strukturen tragen, welche Rollen greifen und wie handlungsfähig eine Verwaltung tatsächlich ist. Daher basiert dieses Kapitel bewusst auf der Auswertung realer Fälle und legt den Fokus auf das, was sich in der Praxis bewährt hat.

Die systematische Analyse kommunaler Krisenverläufe – ob bei Hochwasser, Stromausfällen, Pandemien oder Cyber-Angriffen – erlaubt es, wiederkehrende Erfolgsfaktoren zu erkennen: von vorausschauender Vorbereitung über verlässliche Kommunikation bis hin zu kooperativem Führungsverhalten. Diese Faktoren sind keine abstrakten Prinzipien, sondern konkret gelebte Praxis unter schwierigen Bedingungen.

Indem wir untersuchen, **was in kommunalen Krisen gut funktioniert hat, warum das so war und unter welchen Bedingungen**, entsteht ein praxisnahes Verständnis von Wirksamkeit. Die Fallanalysen dienen dabei nicht nur der Bewertung, sondern vor allem der Lernförderung: Was lässt sich auf andere Kommunen übertragen? Welche Rahmenbedingungen waren entscheidend? Welche Handlungsmuster lassen sich bewusst kultivieren?

Ziel dieses Unterkapitels ist es, kommunale Krisenerfahrungen nutzbar zu machen – als Ressource für Wissen, Orientierung und Weiterentwicklung. Denn wer verstehen will, was Krisenmanagement erfolgreich macht, muss dorthin schauen, wo Verwaltung tatsächlich unter Druck gehandelt hat.

Tabelle 19: ***Erfolgsfaktoren eines guten kommunalen Krisenmanagements***

Erfolgsfaktor	Beschreibung
Schnelles und klares Handeln	Frühzeitige Aktivierung des Krisenstabs, klare Entscheidungswege, keine Zögerlichkeit.
Koordination auf Augenhöhe	Gute Zusammenarbeit zwischen Verwaltung, Einsatzdiensten, Ehrenamt und Bevölkerung.
Glaubwürdige Kommunikation	Transparente, kontinuierliche Information intern wie extern – auch über Ungewissheiten.
Flexibilität und Improvisation	Spielraum für kreative Lösungen vor Ort, z. B. bei Unterkünften, Transport, Technik.
Lernbereitschaft	Nachbereitung, Reflexion, Anpassung von Plänen nach der Krise.

5.1.1 Beispiele aus der Praxis (aktuelle und relevante Fälle)

Fallbeispiel Ahrtal-Flut 2021 (Rheinland-Pfalz und NRW)

Positivbeispiel auf kommunaler Ebene: Trotz massiver Zerstörung war es einzelnen Kommunen (z. B. Bad Neuenahr-Ahrweiler) möglich, innerhalb weniger Tage **Notversorgungszentren einzurichten**, Hilfsangebote zu koordinieren und mit der Bevölkerung zu kommunizieren – oft über handgeschriebene Aushänge, da Strom und Mobilfunk ausfielen.

Erfolgsfaktor: Improvisation, Nutzung lokaler Ressourcen, Ehrenamtskoordinierung.

Corona-Krisenmanagement im Landkreis Tübingen

Tübingen fiel bundesweit auf durch **proaktive Schutzmaßnahmen**, wie regelmäßige Schnelltests, Schutzkonzepte für Risikogruppen und frühzeitige Kommunikation durch den Landrat und den Bürgermeister.

Erfolgsfaktor: Frühzeitige Reaktion, klare Kommunikation, Kooperation mit Wissenschaft.

Blackout-Übung in Ebersberg (Bayern, 2022)

Der Landkreis Ebersberg führte eine groß angelegte Übung durch, die u. a. das Szenario eines mehrtägigen Stromausfalls simulierte. Dabei wurden Verwaltungsabläufe, Notfallkommunikation, und die Kooperation mit THW, Feuerwehr und

5

Ehrenamt getestet. Die Ergebnisse wurden öffentlich kommuniziert und in realen Maßnahmen umgesetzt.
Erfolgsfaktor: Vorbereitung, interkommunale Zusammenarbeit, Transparenz.

Trinkwasserverunreinigung in Ulm (2019)
Nach einer bakteriellen Verunreinigung des Trinkwassers reagierte die Stadt Ulm rasch mit **Allgemeinverfügungen, öffentlichen Warnungen und der Verteilung von Informationsmaterial**. Die Verwaltung handelte innerhalb weniger Stunden, organisierte die Notversorgung und informierte täglich über Pressekonferenzen.
Erfolgsfaktor: Geschwindigkeit, klarer Führungsrhythmus, transparente Öffentlichkeitsarbeit.

Brand in Flüchtlingsunterkunft in Hamburg-Bergedorf (2023)
Die Hamburger Bezirksverwaltung Bergedorf konnte nach einem Großbrand innerhalb weniger Stunden **Ersatzunterkünfte organisieren**, mit Sozialdiensten und Dolmetschern vor Ort Hilfe leisten und rund 120 Menschen betreuen – in enger Zusammenarbeit mit Feuerwehr, Polizei und dem DRK.
Erfolgsfaktor: Schnelle Lageerfassung, interkulturell geschulte Einsatzkräfte, funktionierendes Netzwerk.

5.1.2 Übertragbarkeit auf andere Kommunen

Viele Erfolgsrezepte aus diesen Praxisbeispielen lassen sich auch auf andere Landkreise und Städte anwenden – **angepasst an Größe, Infrastruktur und Verwaltungsstruktur**.
Empfehlungen:

- **Pläne sind kein Selbstzweck** – sie müssen erprobt, aktualisiert und verständlich sein.
- **Führung muss präsent und handlungsfähig sein,** auch unter Druck.
- **Kommunikation ist keine Nebenaufgabe** – sie muss vorbereitet, geübt und dokumentiert sein.
- **Zusammenarbeit mit Ehrenamt, Nachbarkommunen und der Bevölkerung** kann entscheidend sein.
- **Krisenräume, Notfallsysteme und Redundanzen** sollten im Vorfeld geklärt werden.

Eine wertvolle Ergänzung kann darin bestehen, eine zentrale Akteurin oder einen zentralen Akteur einer erfolgreich bewältigten Krise einzuladen, um aus erster Hand über Erfahrungen, Herausforderungen und die daraus gewonnenen »Lessons Learned« zu berichten.

5.1.3 Infobox: Wesentliche Erkenntnisse – Erfolgreiches Krisenmanagement

Tabelle 20: *Erfolgreiches Krisenmanagement*

Aspekt	Erkenntnis
Praxisbeispiele sind Lernräume	Reale Erfahrungen bieten mehr Lerneffekt als jede Theorie.
Erfolgreiches Handeln ist machbar	Auch mit begrenzten Ressourcen kann gute Krisenarbeit gelingen.
Klarheit, Tempo, Kommunikation	Diese sind in jeder erfolgreichen Krise wiederkehrende Faktoren.
Verwaltung braucht Mut und Flexibilität	Starre Strukturen helfen in dynamischen Lagen wenig.
Beteiligung stärkt Resilienz	Einbindung von Bevölkerung, Hilfsorganisationen und Ehrenamt erhöht die Wirkung.

5.1.4 Praxis-Tipps kompakt: Wesentliche Erkenntnisse – Erfolgreiches Krisenmanagement

Frühzeitig aktiv werden

- **Warte nicht auf die Eskalation:** Schon bei den ersten Anzeichen (z. B. Unwetterwarnung, Versorgungsstörung) sollte der Krisenstab in Bereitschaft gehen.
- **Vorab-Lagebesprechung einplanen:** »Was wäre wenn?«-Runden helfen bei der mentalen Vorbereitung.

Klar führen – auch unter Druck

- **Benenne eine sichtbare, durchsetzungsfähige Leitung** – idealerweise den Landrat oder OB als Gesicht der Reaktion.

- Verwende eine klare **Führungsstruktur mit definierter Aufgabenverteilung** (z. B. Lage, Presse, Einsatz, Logistik).
- Dokumentiere Entscheidungen **laufend und nachvollziehbar** – einerseits für die spätere Aufarbeitung und andererseits für den Aufbau von Vertrauen.

Kommunizieren – einfach, ehrlich, regelmäßig

- **Sprich lieber früh und unvollständig als spät und perfekt.**
- Verwende **einfache Sprache, Checklisten und Infografiken**.
- **Stimme Kommunikationskanäle ab:** Wer macht was, wann, über welchen Kanal?
- Aktualisiere Presse, Website, Social Media **in einem einheitlichen Rhythmus** (z. B. alle drei Stunden).

Netzwerkpflege zahlt sich aus

- **Baue im Vorfeld funktionierende Kontakte zu Polizei, Feuerwehr, THW, Ehrenamt, Nachbarn auf.** (Die drei Ks – Vor der Krise Köpfe Kennen!)
- Organisiere regelmäßig kleine Vernetzungstreffen oder Notfallübungen mit Schlüsselakteuren.
- Notiere **Kontaktdaten von verlässlichen Ansprechpartnern** (auch privat oder mobil).

Übung macht einsatzfähig

- Führe regelmäßig **Stabsrahmenübungen, Evakuierungssimulationen oder IT-Ausfallszenarien** durch.
- Übe nicht nur »große Lagen«, sondern auch **kleine, alltägliche Krisen**: Ausfall Telefonanlage, Trinkwasserverunreinigung, Streik.

Flexibilität einplanen

- Nutze **Checklisten als Rahmen – nicht als starres Korsett**.
- Ermutige Mitarbeitende, **situativ zu denken** und pragmatisch zu handeln (z. B. Bürger/innen privat unterbringen).
- **Reservekräfte und Back-up-Pläne** vorhalten – für Personal, Kommunikation, Räume, IT.

Erfahrungen dokumentieren und teilen

- Halte nach der Krise eine **strukturierte Nachbesprechung** ab (»Was lief gut, was nicht?«).
- Sammle **Lessons Learned** in einer internen Datenbank oder als Erfahrungsprotokoll.
- Teile gute Praxis auch **interkommunal oder auf Fachtagungen** – das hilft anderen und fördert Kooperation.

Mini-Checkliste: »Sind wir bereit für den Ernstfall?«

- ☐ Gibt es einen aktuellen Krisenplan – für verschiedene Szenarien?
- ☐ Sind die Zuständigkeiten im Krisenstab klar definiert und besetzt?
- ☐ Wissen wir, wie wir innerhalb von 30 Minuten kommunizieren würden?
- ☐ Haben wir externe Partner in unsere Vorbereitung aktiv eingebunden?
- ☐ Wurden unsere Mitarbeitenden in Krisenrollen geschult oder informiert?
- ☐ Haben wir aus vergangenen Lagen systematisch gelernt?

5.2 Fehler und Misserfolge

5.2.1 Fehler in der Prävention

Fehlende mentale Vorbereitung auf kritische Entscheidungsprozesse

Eines der bekanntesten Beispiele für mentale Fehlvorbereitung lieferte Edward John Smith, Kapitän der Titanic. Trotz seiner großen nautischen Erfahrung hielt er es für praktisch ausgeschlossen, dass sein Schiff sinken könne. Sein Vertrauen in die Schiffskonstruktion führte dazu, dass weder er selbst noch die Besatzung mental auf eine derart gravierende Notlage vorbereitet waren. Diese unrealistische Grundannahme spiegelte sich in späteren Führungsfehlern wider – mit rund 1 500 Todesopfern als Folge.

Ein gegenläufiges Beispiel bietet der Umgang mit den Terroranschlägen auf den Boston Marathon 2013. Eine Untersuchung der Harvard University zeigt, dass das medizinische Personal sowohl im Einsatzgebiet als auch in den Krankenhäusern weitgehend selbstorganisiert agierte. Die Kräfte handelten improvisierend, aber zielgerichtet – bildlich gesprochen: »*Jeder kannte spontan seine Tanzschritte.*« Diese Handlungsfähigkeit war das Ergebnis intensiver Trainings und Übungen für MANV-/E-Lagen (Massenanfall von Verletzten/Erkrankten). Durch diese gemeinsame Vorbereitung wurden Strukturen geschaffen, die die flexible Improvisation ermöglichten.

Fehlende Lernprozesse aus vergangenen Katastrophen
Die Flutkatastrophe im Ahrtal 2021 hätte vermutlich weniger gravierende Folgen gehabt, wenn die Verantwortlichen aus dem Hochwasser im Weißeritztal im August 2002 gelernt hätten. Beide Täler sind durch steile Hänge geprägt, sodass Niederschläge rasch in die Fließgewässer ablaufen. Bereits damals führten eine gesättigte Bodenlage und eine Vb-Wetterlage zu extremen Bedingungen. Eine Vb-Wetterlage, nach dem Meteorologen van Bebber, ist eine typische Tiefdruckzugbahn vom Golf von Genua nach Nordosteuropa, die oft extreme Regenmengen in Mitteleuropa bringt und zu erhöhten Wasserpegeln führt.

Innerhalb weniger Stunden wurden Freital und Dresden überflutet. Häuser, Brücken und große Teile der Infrastruktur wurden zerstört, ganze Orte waren nur noch per Hubschrauber erreichbar. Bis zu 40 000 Helfer waren im Einsatz.
Die Einsatzberichte zeigen eindrücklich, wie wichtig institutionalisiertes Lernen aus Katastrophen wäre. Für das Ahrtal zeigte sich, dass zentrale Erfahrungswerte – etwa zum frühzeitigen Evakuieren oder zum Notfallbetrieb Kritischer Infrastruktur – nicht systematisch aufgearbeitet und umgesetzt wurden.

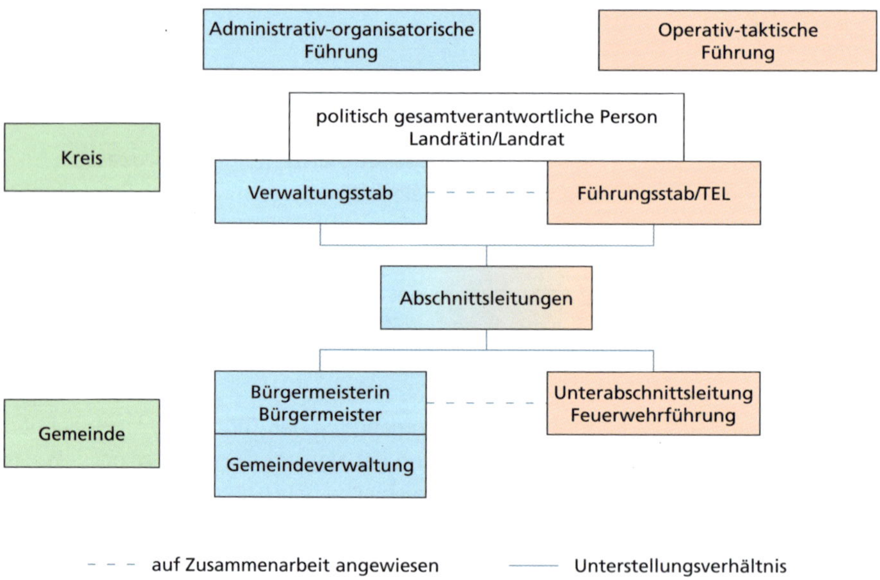

Bild 4: ***Führungsstruktur während des Ahrtaleinsatzes 2021***

Fehlendes einheitliches Führungsverständnis

Bereits der sogenannte von-Kirchbach-Bericht (2002) zur Flut in Sachsen hebt die Bedeutung eines klaren und einheitlichen Führungsverständnisses hervor. Auch Gißler stellte in seiner Untersuchung zur Ahrtal-Flut 2021 fest, dass dieses fehlte. Die Führungsorganisation vereinte auf Ebene der Abschnittsleitungen sowohl operative als auch administrative Aufgaben (▶ Bild 4).

Das Zusammenfallen administrativer und operativer Aufgaben innerhalb eines einzigen Stabes entsprach nicht den Vorgaben der FwDV 100 sowie den »Hinweisen zur Bildung von Verwaltungsstäben« (Beschluss der IMK 2004). Durch die Bündelung beider Aufgabenbereiche an einer Stelle entstanden organisatorische Engpässe, insbesondere bei den Abschnittsleitungen, die dadurch zu einem »Flaschenhals« wurden. Die Regelwerke beabsichtigen hingegen eine Trennung in zwei parallel arbeitende Führungsstrukturen: einen administrativ-organisatorischen sowie einen operativ-taktischen Führungsstrang (▶ Bild 5).

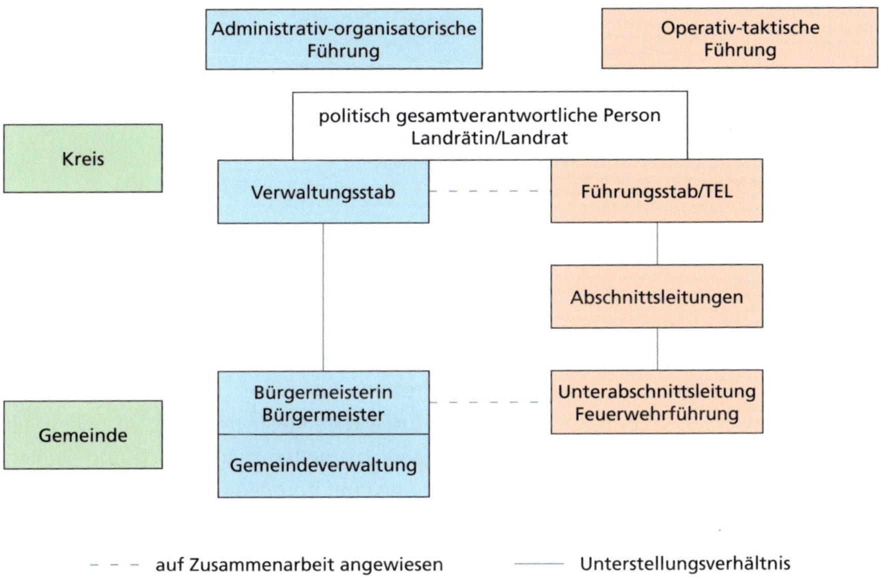

Bild 5: ***Führungsstruktur entsprechend der FwDV 100***

Mängel dieser dualen Struktur könnten durch eine Matrixorganisation ausgeglichen werden, die Schnittstellen klarer regelt (▶ Bild 6).

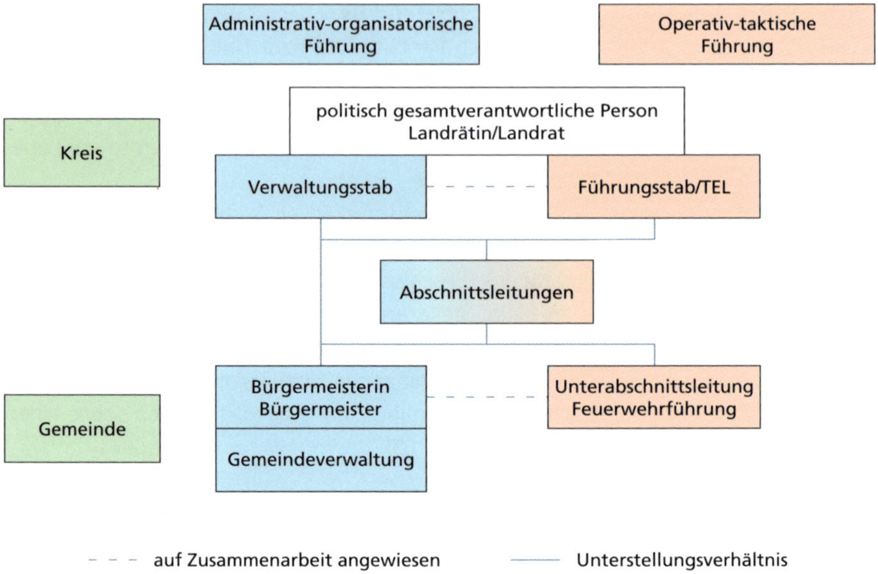

Bild 6: ***Führungsstruktur einer Matrixorganisation***

5.2.2 Fehler in der Reaktion

Positives Beispiel: Tagesbruch Bochum-Wattenscheid 2000

Am 2. Januar 2000 kam es in Bochum zu einem schweren Tagesbruch (»Wattenscheider Loch«). Die Feuerwehr übernahm sofort die Gefahrenabwehr, installierte vor Ort eine ständige Einsatzleitung, die als zentrale Anlaufstelle für die Bevölkerung rund um die Uhr besetzt war und evakuierte betroffene Anwohner professionell betreute. Statt provisorischer Unterkünfte wurden Hotels bereitgestellt. Dieses Vorgehen gilt als Best Practice-Beispiel: Entscheidungsträger handelten pragmatisch und stellten die Bürger in den Mittelpunkt – ohne sich zuerst mit Kompetenzfragen aufzuhalten. Zuständig war nämlich das Oberbergamt des Landes NRW.

Zu spät handeln trotz Frühwarnungen

Sowohl bei der Sturmflut in Hamburg im Jahr 1962 als auch bei der Ahrtal-Flut 2021 lagen frühzeitig Hinweise auf drohende Katastrophen vor. Während an der gesamten Nordseeküste von Nordfriesland bis zum Jadebusen präventive Maßnahmen früh eingeleitet wurden (Evakuierungen, Deichsicherungen), reagierten die Hamburger

Behörden verspätet. Von den insgesamt 340 Toten waren allein 314 in Hamburg zu beklagen. Auch im Ahrtal wurden Warnungen nicht konsequent aufgegriffen.

Führung ohne Auftragstaktik

Gißler weist für die Ahrtal-Flut 2021 nach, dass das Prinzip der Auftragstaktik durch den Stab der ADD nicht ausreichend angewandt wurde. Grundlegende Entscheidungen wurden zentralisiert, anstatt sie vor Ort – wo das klarste Lagebild bestand – zu treffen. Schon der von-Kirchbach-Bericht (2002) hatte vor diesem Fehler gewarnt. Zeitverluste durch überzogene Hierarchien erwiesen sich einmal mehr als fatal.

Verantwortung abschieben

Beim Einsturz des Kölner Stadtarchivs 2009 zeigte sich ein klassisches Muster: Noch bevor Ursachen vollständig geklärt waren, wiesen Verantwortliche die Schuld von sich. Oberbürgermeister Schramma erklärte öffentlich, keine persönliche Verantwortung zu tragen. Dieses Vorgehen untergrub Vertrauen und führte zu einer langwierigen politischen und juristischen Krise.

Fehlendes Situationsbewusstsein

Bei der Ahrtal-Flut waren Informationen grundsätzlich vorhanden, wurden jedoch in den Stäben weder priorisiert noch adäquat verarbeitet. Die Folge war eine über Tage chaotische Lagewahrnehmung. Eine »mentale Reduktion der Komplexität« hätte helfen können, entscheidungsfähig zu bleiben. Vorbildlich gelang dies nach den Bostoner Anschlägen 2013. Dort wurden Versorgungsstrukturen so kleinteilig organisiert, dass die Teams eine beherrschbare Lage vor sich sahen.

Nicht eingespielte Teams

Die Fälle der United Airlines 173 (1978) und der US Airways 1549 (2009) verdeutlichen den Unterschied zwischen hierarchisch starrer und teamorientierter Einsatzführung. Während UA 173 aufgrund fehlender Kommunikation und Autoritätsglaubens abstürzte, konnte die Besatzung von US 1549 dank Crew Ressource Management geschlossen reagieren und alle Passagiere retten. Für den Katastrophenschutz lassen sich daraus zentrale Lehren ziehen:

1. Neue Technologien müssen unter Stress beherrschbar sein.
2. Einführung neuer Technik darf Einsatzkräfte nicht überfordern.
3. Dienstanweisungen und Einsatzregeln sind regelmäßig zu aktualisieren.
4. Aus- und Fortbildung muss flexible, adaptive Teams hervorbringen.

Fehlende Kritikkultur und Autoritätsgläubigkeit

Der Flugzeugunfall von Teneriffa 1977 zeigte drastisch, wohin fehlende Kommunikation und überzogenes Kritik-Zurückhalten gegenüber Autoritäten führen können. Der erfahrene KLM-Kapitän, ein langjähriger Ausbilder mit einem hervorragenden Ruf, traf eine fatale Entscheidung zum Start ohne Freigabe; der Co-Pilot wagte es offenbar nicht, seine Bedenken klar zu äußern. 583 Menschen starben. Für den Bevölkerungsschutz ist dies ein Warnsignal: Hierarchien dürfen niemals offene Kommunikation blockieren.

CRM – Crew (oder Crisis) Resource Management kommt ursprünglich aus der Luftfahrt und wird heute auch in der Medizin, im Rettungsdienst, der Feuerwehr und in der Verwaltung genutzt.

Ziel von CRM ist eine optimale Nutzung aller vorhandenen Ressourcen (Menschen, Informationen, Technik), um Fehler zu vermeiden und die Sicherheit in kritischen Situationen zu erhöhen. Die Kernelemente sind:

- Kommunikation (klar, offen, standardisiert),
- Führen und Folgen (Rollenverteilung, klare Verantwortlichkeiten),
- Situationsbewusstsein (wer weiß was?),
- Entscheidungsfindung unter Stress,
- Fehler- und Teamkultur.

Keine Angst vor Autoritäten – Speak-Up (im Kontext von CRM)

CRM bedeutet, dass Teammitglieder aktiv ihre Beobachtungen, Bedenken oder Warnungen äußern – auch wenn sie hierarchisch »unten« stehen. Vor dem Hintergrund, dass viele Unfälle und Krisen passieren, weil Mitarbeitende Probleme gesehen, aber nicht angesprochen haben (»Authority Gradient«), ist dies von besonderer Wichtigkeit. Eine Speak-Up-Kultur ermutigt:

- »Ich habe eine Sorge, bitte Stopp!«
- »Darf ich einen Einwand äußern?«
- »Mir ist aufgefallen, dass …«

Führungskräfte müssen dafür offen sein und aktiv eine Kultur fördern, in der Rückmeldungen willkommen sind. Ein Beispiel aus dem Krisenmanagement:

- In einer Lagebesprechung im Krisenstab äußert ein jüngerer Mitarbeiter: »Mir fällt auf, dass wir die Evakuierungsroute über die Brücke planen – aber laut Polizei ist die Brücke schon gesperrt.«
- **Speak-Up** stellt sicher, dass diese Information ernst genommen wird, auch wenn sie nicht von der »Stabsleitung« kommt.

- Durch **CRM-Prinzipien** wird daraus eine sofortige Entscheidung abgeleitet (alternative Route, Informationsabgleich mit Polizei).

Damit sorgt CRM für ein strukturiertes Team- und Ressourcenmanagement in kritischen Situationen. Speak-Up ist ein zentrales Element: Jede Stimme zählt, Bedenken müssen geäußert und gehört werden – unabhängig von der Hierarchiestufe.

5.2.3 Fehler in der Nachbereitung

»Blame Gaming« nach der Love Parade 2010

Nach der Massenpanik von Duisburg mit 21 Toten und Hunderten Verletzten begann unmittelbar eine politische Schuldzuweisungsspirale. Öffentlichkeitsarbeit und Krisenkommunikation waren mangelhaft, Verantwortliche wie OB Sauerland schoben die Schuld von sich und weiter, anstatt transparent Verantwortung zu übernehmen. Die Folge war eine jahrelange politische und juristische Krise, die das Vertrauen in Behörden nachhaltig erschütterte.

Fazit

Die Beispiele aus Prävention, Reaktion und Nachbereitung zeigen: Krisenmanagement und Katastrophenschutz ist immer auch eine Führungs- und Kommunikationsaufgabe. Fehler entstehen weniger aus technischer Unfähigkeit als vielmehr durch mangelnde mentale Vorbereitung, schlechte Teamabläufe, hierarchische Engführungen und fehlende Lernprozesse. Positivbeispiele – von Bochum über Boston bis US Airways 1549 – verdeutlichen jedoch, dass mit klaren Strukturen, offener Kommunikation und Flexibilität erfolgreiche Wege und Mittel bestehen, um Krisen zu bewältigen.

5.2.4 Infobox: Fehler und Misserfolge im Krisenmanagement

Tabelle 21: ***Fehler und Misserfolge***

Bereich	Beispiele	Kernaussagen/Lehren
Fehler in der Prävention	▪ Titanic 1912: Kapitän Smith ohne mentale Vorbereitung → 1 500 Tote ▪ Boston Marathon 2013: Training ermöglichte flexible Improvisation ▪ Ahrtal 2021: keine Lehren aus Hochwasser 2002 (Fehlendes Führungsverständnis trotz Vorgaben [FwDV 100, IMK-Beschluss])	▪ Mentale Vorbereitung und Training sind entscheidend. ▪ Katastrophenberichte müssen systematisch ausgewertet werden. ▪ Einheitliche Führungsstrukturen (administrativ und operativ) nötig.
Fehler in der Reaktion	▪ Bochum-Wattenscheid 2000: Best Practice – zentrale Einsatzleitung, bürgernah ▪ Sturmflut Hamburg 1962/ Ahrtal 2021: zu spätes Handeln trotz Warnungen ▪ Ahrtal 2021: fehlende Auftragstaktik, zentralisierte Entscheidungen ▪ Köln Stadtarchiv 2009: Verantwortung abgeschoben ▪ UA 173 (1978) vs. US 1549 (2009): mangelnde vs. gelungene Teamarbeit ▪ Teneriffa 1977: Autoritätsgläubigkeit führte zu 583 Toten	▪ Frühwarnungen konsequent nutzen. ▪ Auftragstaktik anwenden: Entscheidungen vor Ort. ▪ Verantwortung übernehmen stärkt Vertrauen. ▪ Teams müssen eingespielt und adaptiv sein. ▪ Kritikkultur wichtiger als starre Hierarchien.
Fehler in der Nachbereitung	▪ Love Parade 2010: »Blame Gaming« statt Verantwortung → Vertrauensverlust	▪ Transparenz und Verantwortungsübernahme sind zentral für die Aufarbeitung. ▪ Schuldzuweisungen zerstören Vertrauen und blockieren Lernen.

Tabelle 21: ***Fehler und Misserfolge – Fortsetzung***

Bereich	Beispiele	Kernaussagen/Lehren
Fazit	Hauptursachen: mentale Fehlvorbereitung, schlechte Teamkommunikation, Hierarchieblockaden, fehlendes Lernen. Positivbeispiele (Bochum, Boston, US 1549) zeigen: mit klaren Strukturen, offener Kommunikation und Flexibilität ist erfolgreiches Krisenmanagement möglich.	

5.2.5 Praxis-Tipps kompakt: Fehler und Misserfolge im Krisenmanagement

Zielsetzung: Wiederkehrende Fehlerquellen (späte Reaktion, Zentralismus, fehlende Lernschleifen) aktiv ausschalten und Handlungsfähigkeit sichern.

Zeitnah

- Warnschwellen sichtbar machen: Evakuierungs-/Alarm-Trigger (Pegel, Wind, IT-Metriken) auf eine Seite und Verteiler.
- Sprecherregel fixieren: Wer spricht intern/extern? Stellvertretung und Freigabepfad notieren.
- Briefing/Debriefing einführen: Jede Lagebesprechung mit zwei Minuten »Top-Risiko« starten, fünf Minuten »Lessons Learned« enden.
- Präventive Risikoanalyse üben (30 Minuten): »Stellt euch vor, die Lage ist eskaliert – warum?« → drei Gegenmaßnahmen festlegen.
- Duale Führungsstruktur klären: Operativ-taktisch (FwDV 100) getrennt von administrativ-organisatorisch; Schnittstellen-Matrix aushängen.
- Komplexität reduzieren: Standard-Lagebild (eine Karte, drei KPIs, drei Prioritäten); KGS »Lage/Info« priorisiert nach: *gesichert/wahrscheinlich/Gerücht*.
- CRM/Speak-Up verankern: »Challenge-und-Confirm«-Regel, (d. h. Eine Person äußert Zweifel oder bittet um Klärung, die entscheidende Person

bestätigt, korrigiert oder begründet ihre Entscheidung; sterile-Cockpit-Phasen (keine Störungen während kritischer Entscheidungen).

Dieses Quartal

- Auftragstaktik operationalisieren: Entscheidungsrechte so tief wie möglich; »Go/No-Go«-Checklisten (Evakuierung, Sirenen, IT-Abtrennung).
- Teamdurchhaltefähigkeit sichern: Rollen doppelt besetzen, Selbstbetroffene ablösen, Fürsorgeplan (PSNV).
- Bürgerfokus standardisieren: Infopunkt/Hotline und »menschenwürdige Unterbringung zuerst« (Hotels und Hallen bevorzugen, wenn verfügbar).
- Übungsplan und Technikkompetenz: Stabsrahmenübung inkl. Medienlage; neue Tools unter Stress testen (keine Einführung »on the fly«, also im laufenden Betrieb).

Während der Lage (Reaktionsleitfaden)

- Früh handeln statt spät rechtfertigen: Warnen/Evakuieren bei Schwellen und Plausibilität (nicht Perfektion).
- Ein Botschaftsrahmen (»One Message«): kurz, klar, wahr – Unsicherheiten benennen; Gerüchte laufend entkräften.
- Dokumentation streng führen: Ein-/Ausgänge, Optionen, Entscheidung und Begründung fortlaufend nummerieren.

Nach der Lage (Lernen sichern)

- ≤ 24 h: ohne tiefe Ursachenanalyse drei Maßnahmen, die gut funktionierten, drei Maßnahmen, die nicht gut funktionierten, jeweils drei zukünftige Maßnahmen planen, jeweils mit klarer Zuständigkeit (Owner), klarer Frist und mit einer erwarteten Wirkung.
- AAR ≤ 30 Tage: Ursachen statt Schuld; Maßnahmenregister mit strukturierter Erfassung (30/90/180-Tage-Reviews). Die Dokumentation soll für andere Teams nutzbar sein.
- Standards anpassen: Pläne, Checklisten, Schulungen tatsächlich aktualisieren (Version und Datum).

Antipatterns, also wiederkehrende schlechte Lösungen (sofort stoppen)

- Zentralisieren statt delegieren.
- Späte Reaktion trotz Warnungen.
- »Einer sagt alles« statt One Message Strategy.
- Neue Technik ohne Training.

- Dokumentation lückenhaft/unnutzbar.

Mini-Checklisten

- ☐ Entscheidung in zwei Minuten: Lage – Ziel – Option A/B – Risiko – Entscheidung – Auftrag – Zeit.
- ☐ Kommunikation dreixK: *Kernbotschaft – Kanal – Kontaktpunkt* (Presse, Web/Social Media, Hotline).
- ☐ Infoqualität: gesichert ✔ / wahrscheinlich ~ / Gerücht ✕ (Datum/Uhrzeit/Quelle dazu).

Merksatz

- Früh, klar, delegiert – dokumentiert, nachbereitet, umgesetzt.

6 Spezielle Themen

6.1 Digitale Krisen: Cyber-Security und digitale Bedrohungen

6.1.1 Digitalisierung/Digitale Krisen

Die Wirtschaft und Gesellschaft des 21. Jahrhunderts sind zunehmend von digitalen Komponenten und dem Internet abhängig. Digitale Anwendungen bestimmen Wirtschaft, Staat und Gesellschaft und erfassen nahezu alle Bereiche des Zusammenlebens. Ausfallrisiken haben damit einhergehend eine immer größere wirtschaftliche Bedeutung. Damit wird die Sicherheit der IT für den Staat und Unternehmen essenziell.

6.1.2 Cyber-Sicherheit

Die steigende Bedeutung der digitalen Anwendungen führt gleichzeitig zu einem erhöhten Risiko von Beeinträchtigungen. Diese Beeinträchtigungen manifestieren sich z. B. in der illegalen Informationsgewinnung, Erpressung oder in Angriffen auf die Cyber-Sicherheit von Unternehmen und Behörden. Spätestens seit Februar 2022 zählen diese Angriffe zum Alltag. Behörden und Unternehmen melden Tausende von Angriffen täglich, so dass eine Erhöhung der diesbezüglichen Resilienz und damit der Cyber-Sicherheit zentrale Aufgabe aller (Staat, Wirtschaft und Gesellschaft) ist.

6.1.3 Recht und Gesamtlage

Diesen sich rasant verändernden Rahmenbedingungen muss auch die Rechtsprechung Rechnung tragen. Vielfältige Anpassungen sind notwendig. Hier kommt der EU besondere Bedeutung zu. Im Dezember 2022 wurde die zweite europäische Netz- und Informationssysteme-Richtline (EU NIS-2 oder NIS-2-Direktive) verabschiedet. Ziel der Richtlinie ist ein einheitliches, gemeinsames IT-Sicherheitsniveau innerhalb der EU. Diese Richtlinie wird in Deutschland in Form des Umsetzungs- und Cyber-Sicherheitsstärkungsgesetzes (NIS-2 UmsuCG) in deutsches Recht überführt (vgl. Gesetzesentwurf der Bundesregierung vom 22.07.2024, Entwurf eines Gesetzes zur

Umsetzung der NIS-2-Richtlinie und zur Regelung wesentlicher Grundzüge des Informationssicherheitsmanagements der Bundesregierung – NIS-2-Umsetzungs- und Sicherheitsstärkungsgesetz). Es gibt allerdings noch keinen konkreten Umsetzungszeitpunkt. Ausgangspunkt ist die Überlegung, dass Sicherheit und Resilienz der IT und damit Cyber-Sicherheit von zentraler Bedeutung für die Sicherheit und Resilienz Deutschlands sind. Auch nach Ansicht der zuständigen Fachbehörde (Bundesamt für Sicherheit in der Informationstechnologie – BSI) hat sich die IT-Sicherheitslage seit Beginn des völkerrechtswidrigen Angriffskrieges Russlands gegen die Ukraine zugespitzt. Mit dieser Richtlinie wird der in Deutschland durch das IT-Sicherheitsgesetz vom 17. Juli 2015 (BGBl I 2015, 1324) und das IT-Sicherheitsgesetz 2.0 (BGBl I 2021, 1122) geschaffene Ordnungsrahmen erweitert und konkretisiert. Es erfolgt eine signifikante Ausweitung des Anwendungsbereiches, der bislang auf Betreiber Kritischer Infrastrukturen (KRITIS), Anbieter digitaler Dienste und Unternehmen im besonderen öffentlichen Interesse beschränkt war. Der Katalog der Mindestsicherheitsanforderungen des Art. 21 Abs. 2 NIS-2-Richtlinie soll (allerdings in ausdifferenzierter Weise) in das BSI-Gesetz übernommen werden. Meldepflichten und Aufsichtsmaßnahmen des BSI sollen konkretisiert werden. Insgesamt wird die Cyber-Sicherheit verbessert. Wegen der bis September 2025 nicht erfolgten Umsetzung in deutsches Recht ist ein EU-Vertragsverletzungsverfahren anhängig.

Weitere Konkretisierungen sollen durch das KRITIS-Dachgesetz erfolgen. Das Gesetz lag 2024 dem Kabinett vor, ist aber der Diskontinuität zum Opfer gefallen. Die Regierung Merz erarbeitete ein neues KRITIS-Dachgesetz, der Referentenentwurf dazu wurde im September 2025 vom Kabinett gebilligt. Die im Folgenden dargestellten Beispiele verdeutlichen die Relevanz der Thematik:

6.1.4 Beispiele für digitale Bedrohungen

a) Beispiele für häufige Cyber-Risiken

1. Ransomware Angriffe im Bereich von Wirtschaft und Verwaltung
   Problem: Schadsoftware verschlüsselt Daten und gefordert wird Lösegeld.
   Folge: Betriebsunterbrechung, Datenverlust und hohe Kosten.
2. Ausnutzung von Schwachstellen
   (2 a) Schatten-IT und Schatten-KI
   Problem: Nutzung nicht genehmigter Software oder KI-Tools im Unternehmen.

Folge: Sicherheitslücken und fehlende Kontrolle über Datenflüsse.
(2 b) Veraltete Systeme und fehlende Updates
Problem: Nicht aktualisierte Software bietet Angriffsflächen.
Folge: Ausnutzung von bekannten Schwachstellen (z. B. Zero-Day-Exploits, also ein Angriff, der eine unbekannte Sicherheitslücke ausnutzt, für die es noch keine Lösung gibt).
(2 c) Offene oder falsch konfigurierte Online-Server
(2 d) Weitere Schwachstellen, wie beispielsweise Fehlkonfiguration von Firewalls, veraltete Netzwerkhardware ohne Firmware-Updates, ungeprüfte Drittanbieter, fehlendes Bewusstsein bei Mitarbeitenden.

3. Abhängigkeiten von Lieferketten und in diesem Zusammenhang insbesondere Cyber-Angriffe über die Lieferkette (Supply-Chain-Angriffe).
4. Phishing und Social Engineering
   Problem: Täuschende E-Mails oder Nachrichten, die Nutzer dazu bringen, vertrauliche Daten preiszugeben.
   Folge: Identitätsdiebstahl, Kontoübernahmen und Datenverlust.
5. Mangelndes Sicherheitsbewusstsein
   Problem: Mitarbeitende oder Nutzer erkennen Bedrohungen nicht.
   Folge: Unbedachte Klicks, schwache Passwörter, Passwörter ausspähbar notiert und unsichere Geräte.

b) Beispiele für Cyber-Risiken, die insbesondere seit 2022 (Zeitenwende) virulent sind

1. Hacktivismus, insbesondere mittels Distributet-Denial-of Service (DDos-)-Angriffe: Durch die Vielzahl (Flut) der Angriffe wird die Verfügbarkeit des IT-Systems gestört.
2. Kollateralschäden in Form von Cyber-Sabotage-Angriffen im Rahmen des Krieges.
3. Zunahmen im Bereich der Beispiele zu a), auch um Schutzsysteme auszutesten.

c) Effektive Lösungen und Schutzmaßnahmen

1. Multi-Faktor-Authentifizierung (MFA)
   Zusätzliche Sicherheitsebene beim Login – z. B. Passwort und SMS-Code.

2. **Regelmäßige Schulungen/Ausbildung**
   Sensibilisierung für Phishing, sichere Passwörter und Datenschutz.
3. **Zentrales Asset-Management**
   Kontrolle über alle eingesetzten Geräte und Software im Unternehmen.
4. **Antiviren-Software und Firewalls**
   Schutz vor Malware, Viren und unerlaubtem Zugriff.
5. **Netzwerküberwachung und Intrusion Detection**
   Frühzeitige Erkennung verdächtiger Aktivitäten im System.
6. **Updates und Patch-Management**
   Automatisierte Aktualisierung von Software zur Schließung von Sicherheitslücken.
7. **Cyber-Resilienz aufbauen**
   Cyber-Security ist nicht nur eine technische Frage, es geht auch um Resilienz: Wie schnell kann ein System nach einem Angriff wiederhergestellt werden? Back-up-Strategien, Notfallpläne und regelmäßige Tests sind hier entscheidend. Vorab-Kontakt mit Stellen, die Hilfe leisten könnten (BSI, AG-KRITIS).

6.1.5 Beispiele für erfolgreiche Cyber-Security-Maßnahmen

Im Folgenden werden Beispiele für erfolgreiche Cyber-Security-Maßnahmen, bei denen Unternehmen oder Organisationen digitale Bedrohungen effektiv abgewehrt oder souverän gemeistert haben, aufgezeigt:

a) Beispiele

1. BSI – Notfallmaßnahmen für Unternehmen
   Das Bundesamt für Sicherheit in der Informationstechnik (BSI) entwickelte die »TOP 12 Maßnahmen«, um Unternehmen bei Cyber-Angriffen schnell und effektiv zu unterstützen. Diese Maßnahmen helfen kleinen und mittleren Unternehmen, strukturiert auf Angriffe zu reagieren und Schäden zu minimieren – etwa durch sofortige Trennung vom Netz, Back-up-Wiederherstellung und Kommunikation mit Behörden.
2. Aerzener Maschinenfabrik – Widerstand gegen Ransomware
   Im Juli 2021 wurde das Unternehmen Opfer eines Ransomware-Angriffs. Die Hacker verschlüsselten Daten und forderten

Lösegeld. Statt zu zahlen, baute das Unternehmen mit IT-Experten ein neues Netzwerk auf. Die Produktion wurde zwar kurzzeitig gestoppt, aber die Firma blieb unabhängig und lernte daraus.

3. Software AG – Professionelles Incident Response
   Die Software AG wurde 2020 von der Clop-Ransomware-Gruppe angegriffen. Die Forderung zur Entschlüsselung betrug 23 Millionen Dollar. Das Unternehmen setzte auf professionelle Incident Response, kommunizierte transparent mit Kunden und Behörden und konnte den Betrieb nach kurzer Zeit wieder aufnehmen.
4. Cyber-Risk-Versicherungen in US-Unternehmen
   Laut einer Umfrage setzen über 50 % der US-Risikomanager auf Cyber-Versicherungen. Diese Versicherungen helfen nicht nur bei finanziellen Schäden, sondern fördern auch präventive Sicherheitsmaßnahmen wie Audits und Penetrationstests.
5. Nutzung des Cyber-Hilfswerks (CHW)
   Das Cyber-Hilfswerk ist eine Privatinitiative Fachkundiger zur schnellen Hilfe und wurde von der AG-KRITIS initiiert.

b) Erfolgsursachen: Was war ursächlich für die erfolgreiche Abwehr?

- Transparenz: Offene Kommunikation mit Kunden und Behörden stärkt Vertrauen.
- Verzicht auf Lösegeldzahlungen: Unternehmen, die nicht zahlen, setzen ein starkes Zeichen gegen Erpressung.
- Schnelle Reaktion: Ein gutes Notfallmanagement kann Schäden begrenzen.
- Lernprozesse: Nach einem Angriff werden Systeme oft sicherer als zuvor.
- Kenntnis von Hilfsmöglichkeiten: Auch hier gilt: KKK – In der Krise Köpfe kennen.

6.1.6 Verursacher

Die Verursachergruppe ist extrem heterogen und nicht eindeutig zuzuordnen. Täter, die auf Gelderpressung abzielen, können für staatliche Stellen arbeiten und umgekehrt. So kann z. B. im Darknet von jedem Schadsoftware (Ransomware) mit 24 Std support »gekauft« werden. Expertise ist nicht erforderlich.

Fazit

Aufgrund der zunehmenden Bedeutung des enorm gewachsenen Digitalisierungsgrades steigen auch die Risiken für die Cyber-Security. Zudem steigen die Auswirkungen von Beeinträchtigungen extraproportional, da die gesamte Gesellschaft von der Digitalisierung abhängig ist. Staat, Gesellschaft, Unternehmen und jeder Einzelne müssen der Cyber-Security die entsprechende Priorität einräumen. Auch die persönliche IT-Sicherheit (regelmäßige Software-Updates auf Handy, PC und Notebook etc.) trägt zur Resilienz des Gesamten bei.

6.1.7 Infobox: Digitale Krisen und Cyber-Security

Tabelle 22: ***Digitale Krisen und Cyber-Security***

Bereich	Inhalte/Beispiele	Kernaussagen
Digitalisierung	IT und Internet prägen Staat, Wirtschaft und Gesellschaft	Abhängigkeit → Ausfälle haben hohe Kosten und Risiken
Cyber-Sicherheit	Zunahme von Angriffen seit 2022 (Ukraine-Krieg)	Resilienzsteigerung ist eine zentrale Aufgabe von Staat, Wirtschaft und Gesellschaft
Rechtlicher Rahmen	EU NIS-2-Richtlinie (2022) → Umsetzung in deutsches Recht (NIS-2UmsuCG, Entwurf 2024) ▪ IT-Sicherheitsgesetz (2015, 2021) ▪ BSI-Gesetz, geplantes KRITIS-Dachgesetz	Ziel: EU-weit einheitliches Sicherheitsniveau, erweiterte Pflichten, mehr Aufsicht
Bedrohungen	Ransomware Schwachstellen (Schatten-IT, fehlende Updates, offene Server) Supply-Chain-Angriffe Phishing und Social Engineering Geringes Sicherheitsbewusstsein Hacktivismus und Cyber-Sabotage (seit 2022)	Angriffe betreffen alle Ebenen: Staat, Wirtschaft und Gesellschaft

Tabelle 22: *Digitale Krisen und Cyber-Security – Fortsetzung*

Bereich	Inhalte/Beispiele	Kernaussagen
Gegenmaßnahmen	Multi-Faktor-Authentifizierung Schulungen und Sensibilisierung Asset-Management Firewalls und Virenschutz Netzwerküberwachung Updates und Patch-Management Back-ups und Notfallpläne	Cyber-Resilienz = technische und organisatorische Widerstandsfähigkeit
Erfolgsbeispiele	BSI »TOP 12 Maßnahmen« Aerzener Maschinenfabrik: Neuaufbau nach Ransomware Software AG: Professionelles Incident Response Cyber-Risk-Versicherungen Cyber-Hilfswerk (CHW)	Erfolgsfaktoren: Transparenz, schnelle Reaktion, kein Lösegeld, Lernen, Netzwerke kennen
Verursacher	Kriminelle Gruppen, Hacktivisten, staatliche Akteure, »Cyber-Crime as a Service« im Darknet	Täter sind oft gemischt und schwer zuzuordnen.
Zusammenfassung	Digitalisierung steigert Risiken und Folgen. IT-Sicherheit ist eine gesamtgesellschaftliche Aufgabe.	Auch individuelle IT-Hygiene (Updates, sichere Passwörter) stärkt die kollektive Resilienz.

6.1.8 Praxis-Tipps kompakt: Digitale Krisen und Cyber-Security

Ziel ist es, die digitale Handlungsfähigkeit zu sichern, Angriffsflächen zu minimieren und die schnelle Wiederanlaufbarkeit zu gewährleisten. (Die dargestellten Praxis-Tipps sprechen für sich; sie richten sich an Experten und gehen teilweise über die Inhalte des aktuellen Kapitels hinaus.)

Zeitnah

- Multi-Faktor-Authentifizierung überall: Mail, VPN, Admin-Konten, Fachverfahren.
- Back-up-Sanity-Check: 3-2-1-Regel, also mindestens drei Kopien vorhalten, zwei verschiedene Medientypen nutzen, mindestens eine Kopie an einem anderen Ort bewahren, letzte erfolgreiche Rücksicherung dokumentieren.
- Incident-Steckbrief ausdrucken: Notfallkontakte (IT, Datenschutzbeauftragter, BSI/CERT, Dienstleister), Meldewege, Entscheidungsbefugnisse.
- Schatten-IT/-KI Stopp: »Vor Nutzung melden«-Ansage an alle; Formular verlinken.
- Phishing-Warnung: Kurzmail mit drei No-Gos: keine Passwörter per Mail/ Link, keine Makros, zweifelhafte Anhänge melden.
- Asset-Inventar fertigstellen: Server, Clients, SaaS, OT; Eigentümer und Kritikalität.
- Patch-SLA festlegen: Kritische Patches $\leq$ 72 h; Legacy-Sonderweg mit Kompensation (Segmentierung).
- Endpoint Detection and Response (DER) aktivieren: Endgeräte-Isolation per Klick testen.
- Kommunikations-Redundanz: Vorlage für Web-Ticker, Social Media, Telefonansage; Offline-Vorlagen (Stromausfall).
- Tabletop 45 Minuten: Ransomware-Kurzübung (Entscheidung »Netz trennen?«, interne/externe Meldung, Bürgerinfo).

Dieses Quartal

- Information Security Management System (ISMS) leichtgewichtig: Rollen (CISO/ISB), Risiko-Register, Top-10 Risiken mit Maßnahmen.
- Netzwerk-Segmentierung: Admin-Netz, Server-Netz, User-VLAN; lokale Adminrechte abbauen.
- E-Mail-Sicherheit: Sender Policy Framework (SPF)/DomainKeys Identified Mail (DKIM)/Domain-based Message Authentication, Reporting & Conformance (DMARC) ausrollen, Anhänge-Sandboxing, also in geschützter, isolierter Umgebung prüfen.
- Lieferkette absichern: Sicherheitsanhang in Verträge (Patch-SLA, Meldungspflicht, Mindestkontrollen), SSO für SaaS erzwingen.
- Restore-Drill: Stündlicher/täglicher Wiederherstellungstest eines Systems (dokumentiert).

6

Laufender Mindeststandard (Baseline)

- MFA,
- Patchen,
- EDR,
- Back-ups (immutable),
- Segmentierung,
- Protokollierung (SIEM/zentral),
- Rechte strikt nach Bedarf (PAM),
- MDM für Mobilgeräte,
- DLP/USB-Policy,
- Exit-Prozess (Accounts sofort sperren).

Im Ernstfall – Erste 60 Minuten

- Erkennen und isolieren: Betroffene Systeme sofort vom Netz trennen (EDR/NAC), Admin-Kennwörter rotieren.
- Kurzes Lagebild: Was ist betroffen? (Identitäten, Mail, Fileserver, Fachverfahren).
- Entscheiden: Weiterbetrieb vs. kontrollierter Shutdown – dokumentieren.
- Melden und sichern: Forensik sichern (Logs, Zeitstempel), interne Leitung/Datenschutzbeauftragten informieren; externe Partner (BSI/CERT, Dienstleister) anrufen.
- Kommunizieren: Knapp, wahr, handlungsorientiert (intern zuerst), FAQs aktualisieren.

Recht und Meldepflicht (orientierend)

- DSGVO Art. 33: Datenpanne → Meldung an Aufsicht i. d. R. ≤ 72 h.
- NIS-2: Auf Frühwarnung ≤ 24 h, Erstmeldung ≤ 72 h, Abschlussbericht ≤ 1 Monat vorbereiten – nationale Umsetzung beobachten.
- Vorlage für Meldungen bereithalten (Was?/Wann?/Wen betrifft es?/erste Maßnahmen).

Typische Angriffe – schnelle Gegenmittel

- Ransomware: Offnet isolieren, Back-ups offline prüfen, Wiederanlauf nach Priorität (Bürgerdienste, Zahlungsverkehr, Einsatzleitsysteme).
- Phishing/OAuth-Missbrauch: Sitzungen widerrufen, Tokens zurückziehen, Kennwörter/Zwei-Faktor-Authentifizierung resetten, Mailregeln prüfen.

- DDoS: Provider-Mitigation buchen, statische Krisenseite, Social Media-Kanäle als Fallback.

Menschen und Kultur

- Kurzschulungen quartalsweise: 15 Minuten Phishing-Drill und »STOP-KLICK-ANRUF«.
- Fehlerfreundliche Meldung: »Melden statt verstecken« belohnen.
- Schatten-KI-Policy light: zulässige Tools, Datenklassen, Freigabeprozess.

Merksätze

- Was ich nicht kenne, kann ich nicht schützen – Inventar zuerst.
- Back-ups zählen nur, wenn Restore klappt.
- Schnell, wahr, wiederholbar schlägt perfekt.
- Delegieren bis zur Könnensgrenze – zentral nur koordinieren.
- Üben im »Frieden« spart Zeit im Ernstfall.

6.2 Krisen durch externe Faktoren: Naturkatastrophen, Pandemien und mehr

6.2.1 Wenn die Krise von außen kommt

Externe Krisen wie Naturkatastrophen, Pandemien, großflächige Stromausfälle oder Extremwetterereignisse stellen Kommunen vor besondere Herausforderungen. Sie treten meist plötzlich auf, sind in ihrer Dynamik schwer vorhersehbar und wirken weit über Zuständigkeitsgrenzen hinaus. Gerade weil diese Krisen oft außerhalb der direkten Steuerbarkeit liegen, sind kommunale Verwaltungen gezwungen, schnell und entschlossen zu handeln – häufig mit begrenzten Ressourcen und unter hohem öffentlichen Druck.

In solchen Lagen kommt der kommunalen Ebene eine doppelte Rolle zu: Zum einen ist sie operativ gefordert, um die Versorgungssicherheit, öffentliche Ordnung und Unterstützung für die Bevölkerung sicherzustellen. Zum anderen ist sie Schnittstelle und Übersetzerin zwischen den Anordnungen übergeordneter Behörden (z. B. Land oder Bund) und den konkreten Bedarfen vor Ort. Der enge Kontakt zur Bevölkerung, die Nähe zu Einrichtungen der Daseinsvorsorge und die Kenntnis lokaler Gegebenheiten machen Kommunen dabei zu einem zentralen Anker in der Krisenbewältigung.

Diese Verantwortung erfordert eine hohe Anpassungsfähigkeit. Externe Krisen folgen keinem Schema, lassen sich nur bedingt antizipieren und verändern sich oft im Verlauf. Ob ein Starkregenereignis, das ganze Straßenzüge unpassierbar macht, eine Pandemie mit langandauernden Schutzmaßnahmen oder ein flächendeckender Infrastrukturausfall – jedes Szenario verlangt andere Reaktionen, Entscheidungen und Prioritäten. Standardisierte Pläne sind hilfreich, reichen allein jedoch nicht aus. Es braucht vor allem eingespielte Abläufe, belastbare Kommunikationswege, handlungsfähige Führungsstrukturen und Mitarbeitende, die Verantwortung übernehmen können.

Dieses Kapitel beleuchtet anhand verschiedener Beispiele, wie Kommunen in der Vergangenheit auf externe Krisen reagiert haben, welche Strukturen sich als tragfähig erwiesen haben – und wo Schwachstellen zutage traten. Es soll zeigen, wie durchdachte Vorbereitung, flexible Reaktion und konsequente Nachbereitung zur Resilienz kommunaler Verwaltungen beitragen können. Dabei geht es nicht nur um spektakuläre Ereignisse, sondern auch um die »leisen«, oft übersehenen Belastungen, die durch langanhaltende Störungen oder schleichende Bedrohungen entstehen.

Typische externe Krisenfaktoren sind:

- Naturkatastrophen: Hochwasser, Sturm, Dürre, Erdbeben,
- Biologische Gefahrenlagen: Pandemien, Tierseuchen, multiresistente Keime,
- Energie- und Versorgungskrisen: Strommangellagen, Gasmangel, Lieferkettenausfälle,
- Globale Ereignisse mit lokalen Folgen: geopolitische Konflikte, Migrationsbewegungen, wirtschaftliche Schocks.

Ziel ist es, ein praxisnahes Verständnis dafür zu schaffen, welche spezifischen Anforderungen externe Krisen an das kommunale Krisenmanagement stellen – und welche Lehren aus der bisherigen Bewältigung gezogen werden können.

6.2.2 Naturkatastrophen

Bewertung

Naturereignisse gehören zu den ältesten, aber auch komplexesten Krisenauslösern. Durch den Klimawandel steigt ihre Häufigkeit und Intensität. Beispiele sind:

- Extremniederschläge → Hochwasser, Sturzfluten,
- Hitzeperioden → Dürre, Waldbrandgefahr,

- Stürme, Tornados → Infrastrukturschäden.

Naturkatastrophen lösen oft Kaskadeneffekte aus, so löste z. B. die Flutkatastrophe im Ahrtal Strom- und Kommunikationsausfälle aus.
Risikopotenzial: Hoch
Wahrscheinlichkeit: Regional unterschiedlich, aber zunehmend

Lösungsansätze

- Gefährdungsanalysen aktualisieren (z. B. mit Klimadaten, Überflutungszonen, Waldbrandindex).
- Warnsysteme ausbauen (z. B. Cell Broadcast, Sirenen, KATWARN, NINA).
- Evakuierungskonzepte vorbereiten – mit Transport, Unterkunft, medizinischer Versorgung.
- Krisenpläne wetterfest machen: Zuständigkeiten, Materiallager, Notunterkünfte, Sandsäcke.

6.2.3 Pandemien und biologische Lagen

Bewertung
Die Corona-Pandemie hat gezeigt, wie schnell eine Infektionslage das gesamte gesellschaftliche und wirtschaftliche Leben beeinflussen kann. Neben COVID-19 sind auch andere Szenarien denkbar:

- Grippe-Pandemien, Zoonosen,
- Antibiotikaresistente Keime (z. B. in Kliniken),
- Tierseuchen (z. B. ASP, Vogelgrippe).

Risikopotenzial: Extrem hoch (lang andauernd, systemisch)
Wahrscheinlichkeit: Periodisch wahrscheinlich (alle 10 bis 20 Jahre)

Lösungsansätze

- Pandemieplan erarbeiten (ggf. als Teil des allgemeinen Krisenplans).
- Gesundheitsamt stärken (Personal, IT, Kommunikationsfähigkeit).
- Versorgungsketten sichern: Schutzkleidung, Desinfektion, Medikamentenzugang.
- Informationsstrategie vorbereiten: tägliche Lageberichte, Hotline, Krisen-FAQ.

6.2.4 Energie- und Versorgungskrisen

Bewertung

Krisen dieser Art sind in den letzten Jahren stärker in den Vordergrund gerückt – etwa durch die Energiekrise 2022/2023. Typische Szenarien sind:

- Strommangellage (Lastabschaltungen im Winter),
- Ausfall der Gasversorgung,
- Zusammenbruch von Lieferketten (z. B. bei Medikamenten oder Lebensmitteln).

Risikopotenzial: Hoch bis sehr hoch (je nach Region und Jahreszeit)
Wahrscheinlichkeit: Mittel bis steigend

Lösungsansätze

- Blackout-Notfallpläne erstellen (Notstromversorgung, Prioritätenlisten, Kommunikationswege).
- Kritische Infrastruktur identifizieren (z. B. Pflegeheime, Wasserversorgung, IT-Dienstleister).
- Kommunale Wärmeinseln vorbereiten (z. B. beheizte Sporthallen, Quartierszentren).
- Energieeinsparpläne vorbereiten (z. B. für Verwaltungsgebäude, Schulen, Straßenbeleuchtung).

6.2.5 Weitere externe Krisenlagen

Bewertung

Neben Natur und Technik können auch politische und gesellschaftliche Entwicklungen erhebliche Auswirkungen auf die Verwaltung haben:

Tabelle 23: ***Weitere externe Krisenlagen***

Beispiel	Auswirkung auf Kommunen
Migrationsbewegungen	Überlastung von Unterkünften, Schulen und Gesundheitsdiensten
Geopolitische Konflikte	Versorgungsengpässe, Sicherheitsbedenken und Reiseströme

Tabelle 23: ***Weitere externe Krisenlagen – Fortsetzung***

Beispiel	Auswirkung auf Kommunen
Inflation/Wirtschaftskrisen	Haushaltsengpässe, soziale Spannungen und erhöhter Hilfsbedarf
Desinformation und gesellschaftliche Polarisierung	Kommunikationskrisen, Angriffe auf Verwaltung und Proteste

Risikopotenzial: Heterogen, aber oft unterschätzt
Wahrscheinlichkeit: Steigend (zunehmende Volatilität weltweit)

Lösungsansätze

- Lagebeobachtung betreiben (z. B. durch Einbindung von Ordnungsamt, Sozialamt und Schulen).
- Flexible Unterbringungsstrukturen vorhalten (Container, Notfallmodule).
- Soziale Kommunikation pflegen (z. B. über Stadtteilbüros, Bürgerversammlungen).
- Zivilgesellschaft einbinden (Kirchen, Vereine, Freiwillige als Partner für Resilienz).

Ebenso zu betrachten sind Unfälle wie bei der Flugshow in Ramstein (1988), das ICE-Unglück in Eschede (1998) oder Havarien, wie das Fährunglück der M/S Estonia (1994).

6.2.6 Infobox: Wesentliche Erkenntnisse – Externe Krisenfaktoren

Tabelle 24: ***Externe Krisenfaktoren***

Krisenart	Wirkung auf Kommunen	Schlüsselstrategie
Naturkatastrophen	Plötzliche Zerstörung, Evakuierung, Versorgungsnot	Frühwarnsysteme, Evakuierungsplanung, Materiallager
Pandemien	Langfristige Belastung, hohe Komplexität, Personalnot	Pandemiepläne, medizinische Infrastruktur stärken
Energiekrisen	Systemausfälle, Heizungsausfälle, Mobilitätsprobleme	Notstromkonzepte, Wärmeinseln, Kritische Infrastruktur sichern

Tabelle 24: ***Externe Krisenfaktoren – Fortsetzung***

Krisenart	Wirkung auf Kommunen	Schlüsselstrategie
Globale Schocks	Soziale Spannungen, Unterkunftsbedarf, Kommunikationsrisiken	Netzwerkpflege, Resilienzprogramme, flexible Hilfsstrukturen

6.2.7 Praxis-Tipps kompakt: Wesentliche Erkenntnisse – Externe Krisenfaktoren

1. Szenarien regelmäßig überprüfen
   - Ergänze den Krisenplan jährlich um neue externe Risikolagen (z. B. Energiemangel).
   - Nutze aktuelle Lagebilder aus Bundes-/Landesbehörden (z. B. BBK, RKI, LÜKEX).
2. Zuständigkeiten klären
   - Wer entscheidet bei Schulschließung, Notversorgung etc.?
   - Stabstellen für Pandemie, Versorgung, Infrastruktur definieren.
3. Krisenkommunikation vorbereiten
   - Formuliere vorab Textbausteine für Wasserwarnungen, Energiesparaufrufe oder Pandemien.
   - Halte Kontaktlisten und Presseverteiler aktuell.
4. Mit Dritten kooperieren
   - Kooperationsverträge mit Energieversorgern, Krankenhäusern, Hilfsorganisationen abschließen.
   - Gemeinsame Übungen mit THW, DRK, Feuerwehr und Ordnungsamt planen.
5. Technik und Ressourcen vorhalten
   - Notstromaggregate für Verwaltungseinrichtungen prüfen.
   - Analoge Kommunikationsmittel als Back-up testen.

Merksätze

- Kaskaden denken: Wasser, Strom, Kommunikation – immer im Dreiklang.
- Evakuieren oder Innenbleiben? – Entscheidung früh, klar, begründet.
- Eine klare Erstbotschaft verhindert zehn Gerüchte.
- Was wir nicht vorhalten, bekommen wir in der Lage nicht organisiert.

7 Strategische Herausforderungen und übergreifende Ansätze im Bevölkerungsschutz

7.1 Länder- und Ressortübergreifende Krisenmanagementübung (LÜKEX)

LÜKEX steht für: LÜKEX steht für **L**änder- und Ressortübergreifende **K**risenmanagementübung (**Ex**ercise). Sie ist eine regelmäßig durchgeführte bundesweite Krisenmanagementübung unter der Leitung des Bundesamts für Bevölkerungsschutz und Katastrophenhilfe (BBK) in Kooperation mit den Bundesländern, ressortübergreifenden Akteuren und Unternehmen. Die Übungsreihe dient dem Zweck, die Koordinierung und Kommunikation zwischen Bund, Ländern, Kommunen und wichtigen Akteuren der Kritischen Infrastrukturen (KRITIS) in komplexen Krisenlagen zu verbessern.

Ziele der LÜKEX

- Überprüfung von Führungsstrukturen und Alarmierungsabläufen,
- Übung der Ressort- und Verwaltungskommunikation,
- Optimierung der Zusammenarbeit zwischen Behörden und Unternehmen,
- Früherkennung, Informationsaustausch und Lagebewertung fördern,
- Verbesserung der Krisenkommunikation intern wie extern,
- Erkenntnisse für die Weiterentwicklung von Krisenplänen generieren.

Warum ist LÜKEX für die kommunale Ebene wichtig?
Obwohl LÜKEX auf Bundes- und Landesebene konzipiert ist, ist die kommunale Ebene systemrelevant für jede operative Krisenbewältigung.

Kommunen profitieren konkret durch:

1. Frühwarnung und Lagebild: Die Übungen simulieren Lagebilder, die auch auf kommunaler Ebene realistisch sind (z. B. Stromausfall, Pandemien, Cyber-Angriffe).
2. Überprüfung der eigenen Alarmierungsstrukturen: Kommunen, die sich aktiv einbinden, testen ihre Stäbe und Verbindungen zu Landesbehörden.

3. Schnittstellen-Training: Im Krisenfall greifen kommunale Entscheidungen in Landes- und Bundesmaßnahmen ein – LÜKEX simuliert diese Wechselwirkungen.
4. Lessons Learned: Kommunen erhalten **Zugriff auf strukturierte Auswertungen**, die zur Weiterentwicklung lokaler Krisenpläne genutzt werden können.
5. Krisenkommunikation: LÜKEX stärkt die Kommunikationskultur – intern, nach oben (Land) und nach außen (Bürger, Medien).

Fazit: Auch wenn eine Kommune nicht aktiv teilnimmt, kann sie über Begleitmaterialien, Planspiele und Lessons Learned erheblich profitieren.

Was lernt man aus den Auswertungsberichten?

Die vom BBK veröffentlichten **LÜKEX-Auswertungsberichte** bieten tiefgreifende Erkenntnisse zu organisatorischen, technischen und kommunikativen Schwachstellen – viele davon sind direkt auf kommunale Ebenen übertragbar.

Tabelle 25: ***Typische Erkenntnisse aus den LÜKEX Übungen und deren Übertragung auf Kommunen***

Erkenntnis	Übertragbarkeit auf Kommunen
Führungs- und Kommunikationswege sind oft unklar.	Krisenstabspläne regelmäßig testen und anpassen.
IT-Redundanzen fehlen oder greifen zu spät.	Notfall-IT und alternative Kommunikationsmittel auch auf kommunaler Ebene planen.
Zu geringe Einbindung Kritischer Infrastrukturen.	Lokale Krankenhäuser, Versorger und Betreiber frühzeitig einbinden.
Lagebilder waren uneinheitlich und zu komplex.	Klare Lagebildformate und einfache Lageberichte nutzen.
Krisenkommunikation war zu spät oder uneinheitlich.	Vorformulierte Texte, FAQ, regelmäßige Übungs-Kommunikation etablieren.

Tabelle 26: ***Bisherige LÜKEX Szenarien***

Jahr	Übungsthema
2004	Extremwinterlage mit flächendeckendem Stromausfall
2005	Gefahrenquellen durch Weltmeisterschaft/Großveranstaltungen
2007	Grippe-Pandemie (Influenza)
2009/10	Großflächige terroristische CBRN-Bedrohung (»Schmutzige Bombe«)
2011	Cyber-Terrorismus/Infizierung wichtiger IT-Systeme durch PC-Viren
2013	Biologische Bedrohung (durch Lebensmittel übertragene, virale Epidemie)
2015	Sturmflut an der Nordsee (abgesagt)
2018	Gasmangellage in Süddeutschland
2023	Cyber-Angriff auf das Regierungshandeln
2026	In Vorbereitung: Dürre und Hitzewelle

7.1.1 Infobox: LÜKEX auf einen Blick

Tabelle 27: ***LÜKEX***

Aspekt	Kernaussage
Was ist LÜKEX?	Resort- und Länderübergreifende Krisenmanagementübung (Exercice) unter Koordination des BBK
Ziel	Test und Verbesserung föderaler Krisenstrukturen, Kommunikation, Lagefähigkeit
Bedeutung für die Kommunen	Schnittstellen testen, Frühwarnsignale üben, eigene Pläne überprüfen
Nutzen aus Berichten	Direkte Ableitung von Schwächen, Verbesserungen und Best Practices
Beteiligung empfohlen?	Ja – aktiv oder passiv (z. B. durch Nachvollziehen auf kommunaler Ebene)

7.1.2 Praxis-Tipps kompakt: Kommunale »Beteiligung« an LÜKEX

1. **Begleitend eigene Übungen planen**
   → Ausgehend von einem realen LÜKEX-Szenario können kommunale Planspiele stattfinden.
2. **LÜKEX-Berichte auswerten und in Krisenpläne übernehmen**
   → Diese Berichte sind öffentlich auf der BBK-Website verfügbar (www.bbk.bund.de).
3. **Stabspersonal mit Übungsszenarien schulen**
   → LÜKEX eignet sich als Schulungsbasis für Kommunikation, Lagebild, IT-Ausfall.
4. **Landeskoordinatoren kontaktieren**
   → Viele Länder bieten Materialien oder eine Einladung zur Mitwirkung an.
5. **Ergebnisse im Nachgang lokal reflektieren**
   → Lessons Learned auf kommunale Gegebenheiten übertragen (z. B. eigene Lageberichte, Alarmierungsketten).

7.2 Interkulturelles Krisenmanagement/Umgang mit kulturellen Unterschieden

Interkulturelles Krisenmanagement ist die gezielte Bewältigung von Krisensituationen in Konstellationen, in denen unterschiedliche Kulturen aufeinandertreffen. Neben dem allgemeinen Krisenmanagement, das systemische Maßnahmen zur Gefahrenabwehr und Schadensbegrenzung umfasst, berücksichtigt das interkulturelle Krisenmanagement zusätzlich die Herausforderungen und Chancen, die sich aus kulturellen Unterschieden im Umgang mit Krisen ergeben.

Deutschland ist und war vermutlich nie ein homogener Kulturraum. Mit seiner zentralen Lage innerhalb Europas und seinen oftmals wechselnden Grenzen bestanden schon immer regionale Unterschiede und daher eine kulturelle Vielfalt. Dies galt es auch schon in der Vergangenheit bei Fragen des Bevölkerungsschutzes zu berücksichtigen. Die Erwartungshaltung der Menschen in Städten und auf dem Land an den Staat in Krisensituationen sind unterschiedlich, aber auch innerhalb der Städte gibt es eine sehr diverse Erwartungshaltung.

Seit dem Ende des Zweiten Weltkrieges hat sich die Bevölkerung in Deutschland immer mehr vermischt: Alteingesessene, deutsche Flüchtlinge aus Ost- und Südosteuropa, Ausländer, die während des Dritten Reiches nach Deutschland kamen, Gastarbeiter, Asylsuchende, Arbeitsmigranten, Kriegsflüchtlinge, Menschen der westlichen Bundesländer, Menschen der östlichen Bundesländer, Menschen aus anderen EU-Staaten, Menschen von der Waterkant bzw. aus Bergregionen etc. Die Mobilität der Menschen innerhalb Deutschlands, der EU und weltweit hat in den letzten Jahrzehnten stark zugenommen und wird auch in den nächsten Jahren hoch bleiben. 2024 lebten rund 25,2 Millionen Menschen (rund 30 % der Gesamtbevölkerung) mit Migrationshintergrund in Deutschland. Der Anteil bei Menschen unter 20 Jahren beträgt sogar 42,5 %.

Sieht man von den Kriegsflüchtlingen aus Syrien und der Ukraine ab, so bilden Menschen mit einem türkischen Hintergrund mit 3 Millionen die größte Gruppe, gefolgt von solchen mit polnischem (2,2 Millionen), russischem (1,4 Millionen) und rumänischem (1,1 Millionen) Hintergrund.

Herausforderungen

Die Sprachbarriere ist heute dank KI nur noch rudimentär vorhanden und wird in absehbarer Zeit ganz verschwinden. Trotzdem ergeben sich für den Bevölkerungsschutz zwei Herausforderungen. Kurzfristig müssen bei einer hohen Anzahl von Flüchtlingen/Asylsuchenden diese auch untergebracht werden. Sind die Aufnahmekapazitäten der dafür vorgesehenen Unterkünfte ausgeschöpft, müssen durch Einheiten des Bevölkerungsschutzes zusätzliche Kapazitäten in Messehallen, Zeltstädten etc. geschaffen werden.

Langfristig müssen die Einsatzkräfte bei Einsätzen berücksichtigen, dass Menschen mit einem unterschiedlichen Erfahrungshintergrund, unterschiedlicher Kultur besonders in Stresssituationen unterschiedlich reagieren. Dies gilt sowohl dafür wie eine Krise wahrgenommen wird, als auch wie auf eine solche reagiert wird.

Das Verhalten von Menschen ist geprägt von deren Erfahrungen, Werten und gelebten Normen.

Für Menschen, die in Deutschland seit längerer Zeit leben, ist immer noch die ARD-Tagesschau um 20 Uhr die bevorzugte Informationsquelle, der das größte Vertrauen entgegengebracht wird. Spätestens seit der Covid-19-Pandemie nimmt diese Deutungshoheitskompetenz der ARD-Tagesschau allerdings ab. Bei jüngeren Menschen und solchen, die überwiegend in anderen Staaten aufgewachsen sind, dienen andere Medien und Mittel als Krisen-Informationsquelle (bspw. Quellen aus den eigenen Herkunftsländern, Influencer aus dem eigenen Kulturkreis). Die Folge davon ist, dass sich voneinander abgeschottete Informationsblasen bilden und eine Krise schon aufgrund der genutzten Informationsquellen von den Menschen in Deutschland unterschiedlich wahrgenommen werden.

Verschärfend kommt hinzu, dass Menschen mit verschiedenen Erfahrungen auch unterschiedlich auf diese Krisen reagieren. So kann ein Stromausfall bei Menschen, die schon lange in Deutschland leben, erhebliche Ängste erzeugen, während Personen, die Stromausfälle aus ihren Herkunftsländern kennen, ggf. eher gelassen reagieren. Aber Erfahrungen aus anderen Kulturkreisen und Lebenssituationen können auch Ängste verstärken: Flashbacks bis zu PTBS können dazu führen, dass diese Menschen für andere vollkommen irrational handeln.

Aber nicht nur die Krisenwahrnehmung ist durch Erfahrungen geprägt. Auch das Ansehen und die Erwartungen an die Einsatzkräfte sind stark von den Erfahrungen aus den Herkunftsländern bzw. den Durchreiseländern geprägt: Rassismus, Korruption, Genderverhalten usw. beeinflussen gerade unter dem Stress einer Krisensituation das Verhalten betroffener Menschen. Hinzu kommen Unterschiede in den Erwartungen, die an den Staat gestellt werden. Menschen aus stark familiär strukturierten Gesellschaften bevorzugen individuelle bzw. kollektive Ansätze, während Menschen gerade aus Diktaturen bzw. autokratisch regierten Ländern eher hierarchische Ansätze erwarten. Die Angst vor dem Staat aufgrund von Erfahrungen oder aufgrund der Angst vor Ausweisung kann dazu führen, dass sich Menschen auch in Krisensituationen verstecken und ihre Bedürfnisse nicht artikulieren.

Die Religion ist ein weiterer sehr wichtiger Faktor, der das Handeln stark beeinflussen kann. Dabei ist aber zu berücksichtigen, dass Menschen einer Religion sehr unterschiedliche Reaktionen zeigen. So unterscheiden sich Christen aus Nordeuropa von denen aus Südamerika oder Muslime von der arabischen Halbinsel von denen aus Südostasien erheblich.

Welche Folgen ein unterschiedliches Situationsbewusstsein mit sich bringt, wurde in der Covid-19-Pandemie deutlich und wird heute sichtbar bei der Klimakrise. Manche Menschen negieren die Existenz von Krisen und andere schauen fatalistisch auf Krisen. Beide Personengruppen können nur schwer zu einer aktiven Krisenbewältigung bewegt werden. Aber auch besonders risikobereite Menschen sind eine Herausforderung für den Bevölkerungsschutz.

Lösungsansätze

Die wichtigste vorbereitende Maßnahme ist die Bewusstseinsbildung bei allen Gefahrenabwehreinsatzkräften, von der Einsatzleitung bis zu den Helfern vor Ort. Alle benötigen interkulturelle Kompetenz. Sie müssen über die Unterschiede wissen und müssen offen gegenüber Menschen anderer Kulturen sein. Sprachliche Kompetenz ist nicht mit interkultureller Kompetenz zu verwechseln. Zur interkulturellen Kompetenz gehören Empathie und die Fähigkeit, das eigene Handeln zu reflektieren und ggf. anzupassen. Jede Einsatzkraft muss sich bewusst sein, dass sie für die

Menschen da ist, egal welchen kulturellen Hintergrund die Person hat. In Stresssituationen fallen Menschen in ihre kulturell verwurzelten Handlungsweisen zurück. Damit muss die Einsatzkraft rechnen. Sie kann nicht davon ausgehen, dass sich die Person dem »deutschen« Verhalten auch unter Stress anpasst. Wobei es sicherlich nicht, wie bereits oben angedeutet, das »deutsche« Verhalten gibt.

Diverse Gruppen sind resilienter als homogene Gruppen. Sie sind innovativer und agiler. Deshalb wäre es mehr als fahrlässig, wenn die Kompetenzen und Erfahrungen der Menschen, die in einem anderen Kulturraum aufgewachsen sind, in Krisensituationen nicht zu nutzen.

Neben diesem Effekt ist die Einbindung von betroffenen Menschen in die Gefahrenabwehr immer eine gute Traumavermeidungsstrategie. Sie reduziert das Risiko für akute Belastungsreaktionen und spätere Traumafolgen. Dies lässt sich durch mehrere psychologische Mechanismen erklären: Gefühl der Kontrolle und Selbstwirksamkeit, Reduktion von Hilflosigkeit und Stress, Förderung sozialer Kohärenz und Bindung, Sinnhaftigkeit und kognitive Verarbeitung und die Prävention vor einer »Opferrolle«. Anderseits allerdings kann es zu erheblichen Irritationen bis hin zu Spannungen kommen, wenn Menschen es nicht verstehen, dass man ihre angebotene Hilfe als staatliche Gefahrenabwehrbehörde nicht annimmt. Bei den Spontanhelfenden haben wir dies gelernt. Aber auch für Menschen, die das Gefühl haben, dass ihre Hilfe aufgrund der Hautfarbe, der Sprache, der Religion etc. nicht angenommen wird, gilt dies. Gibt es gute Gründe, die Hilfe nicht anzunehmen, so muss dies sehr sensibel kommuniziert werden. Manchmal gelingt es auch, die Hilfsangebote dieser Personen auf andere Art und Weise einzusetzen.

Das interkulturelle Krisenmanagement sollte als Prozess verstanden werden, auf den nicht erst während einer Krise zurückgegriffen wird. Staatliche Gefahrenabwehrbehörden sollten/müssen mit den Menschen aus den unterschiedlichsten Kulturkreisen kontinuierlich im Rahmen von Runden Tischen verschiedene Krisenszenarien diskutieren. Dabei sollten folgende Punkte angesprochen werden:

- Was unternimmt der Staat in einer bestimmten Krisensituation, wie reagieren die Gefahrenabwehrbehörden und besonders, wozu sind sie nicht in der Lage?
- Welche besonderen Betroffenheiten sehen die Menschen einzelner Kulturen?
- Welche Erfahrungen aus ihren Heimatländern haben die unterschiedlichen Personengruppen mit solch einer Krise?
- Welche Hilfe können diese Menschen den staatlichen Gefahrenabwehrbehörden anbieten und wie sind diese zu aktivieren?

Persönlich sollte jede Einsatzkraft ihre interkulturelle Kompetenz steigern. Dazu können folgende Schritte genutzt werden:

1. Mache Dich Deiner eigenen und fremden kulturellen Prägung bewusst. Dadurch kommst Du in die Lage, in Krisensituationen kulturelle Unterschiede zu erkennen, Missverständnisse zu vermeiden und entsprechende Maßnahmen zu treffen. Achte auf die unterschiedliche Bedeutung von Gesten, Symbolen, Farben etc.
2. Nutze interkulturelle Trainings- und Fortbildungsprogramme. Vieles kann schon durch aufmerksames Fernsehen gelernt werden. Das steigert Deine Empathie.
3. Begebe Dich in die Situation der Betroffenen. Nimm bewusst einen Perspektivenwechsel vor.
4. Baue schon vor einer Krise Vertrauen zu den unterschiedlichen Gruppen in Deinem Zuständigkeitsbereich auf.
5. Nutze stets eine klare, einfache Sprache. Vertraue nicht auf Deine übliche nonverbale Kommunikation. Diese ist entscheidend abhängig vom kulturellen Hintergrund und führt schnell zu Missverständnissen.
6. Wenn immer es möglich ist, nutze schriftliche und asynchrone Kommunikation. Dadurch gewinnen die Adressaten Zeit zur Reflexion und erkennen eventuell Missverständnisse.
7. Nutze die Möglichkeiten moderner Technologien (z. B. Übersetzungstools mit KI).
8. Dein Krisenteam sollte möglichst divers aufgebaut sein. Berufe Menschen mit den unterschiedlichsten kulturellen Hintergründen in Dein Team. Sie sind zum einen kreativer und zum zweiten interkulturell sensibler.
9. Seid stets flexibel und agil.
10. Nutze regelmäßige Feedback-Schleifen. Diskutiere Deine Entscheidungen auch vor dem interkulturellen Hintergrund im Team und mit den Betroffenen.
11. Sei stets ein Vorbild für alle anderen in Deinem Krisenmanagementteam. Dies gilt besonders für die Führungskräfte unter Dir. Sei selbstkritisch, hinterfrage Deine eigenen interkulturellen Biases und zeige Offenheit gegenüber anderen Kulturen.

Folgende Kommunikationsstrategien helfen Dir im Umgang mit Menschen anderer Kulturen:

1. Offenheit und Neugier
   Sei offen gegenüber anderen Kulturen. Akzeptiere, dass Deine Sichtweise

nur eine von vielen ist. Sei bereit, immer dazuzulernen. Gib dabei Deine eigene Identität nicht auf.

2. Aktives Zuhören
   Bemühe Dich, die Bedeutung von Gesagtem im kulturellen Kontext zu verstehen. Stelle aktiv Rückfragen. Nutze Pausen zum Reflektieren, bevor Du antwortest.
3. Einfache und klare Sprache
   Vermeide Fachbegriffe und gruppen- bzw. kulturspezifische Begriffe (Slang). Passe Deinen Sprachstil dem Adressaten bzw. der Situation an. Ein No-Go ist, Menschen nur deshalb zu duzen, weil sie aus einem anderen Kulturkreis kommen.
4. Empathie
   Betrachte die Situation aus der Sicht des Adressaten. Sei geduldig und respektvoll. Bedenke immer, dass Werte und Normen, die das Verhalten prägen, tief im Menschen verwurzelt sind.
5. Stereotype und Vorurteile vermeiden
   Hinterfrage Deine eigenen Annahmen und begegne jedem Menschen individuell. Fördere einen offenen Dialog.
6. Geduld und Flexibilität
   Sei geduldig. Besser etwas Zeit verwenden, um jemanden zu verstehen als hinterher Missverständnisse ausräumen zu müssen. Akzeptiere, dass die Kommunikation länger dauern kann, wenn Menschen mit unterschiedlicher kultureller Prägung aufeinandertreffen.

Ein geeignetes Werkzeug ist die sogenannte »3A+ 2T«-Methode. Sie ist ein Kommunikations- und Sicherheitsansatz, der vor allem in der Patientensicherheit und im klinischen Alltag, aber auch in anderen Bereichen der Risiko- und Krisenkommunikation eingesetzt wird. Sie hilft, Missverständnisse zu vermeiden und eine klare, nachvollziehbare Interaktion zu schaffen.

Die Bausteine der 3A+ 2T- Methode sind:

3A

1. Anerkennen
   - Man nimmt wahr, was die andere Person sagt oder fühlt, und bestätigt dies.
   - Man signalisiert Wertschätzung und schafft Vertrauen.

   - Beispiel: »Ich verstehe, dass das für Sie eine belastende Situation ist.«
2. Abklären
   - Man fragt nach, um sicherzustellen, dass man den Sachverhalt vollständig verstanden hat.
   - Man erfragt unklare Punkte und ermittelt den Kontext.
   - Beispiel: »Habe ich Sie richtig verstanden, dass …?«
3. Anpassen
   - Man stimmt Informationen und Vorgehen auf die individuelle Situation und das Verständnisniveau der anderen Person ab.
   - Sprache, Details und Umfang werden so gewählt, dass es passt.
   - Beispiel: Fachbegriffe vermeiden, wenn Gegenüber nicht vom Fach ist.

2T

1. Teach-back
   - Rückversicherung: Die Person soll in eigenen Worten wiedergeben, was sie verstanden hat.
   - Dies dient dazu, Lücken oder Missverständnisse sofort zu erkennen.
   - Beispiel: »Könnten Sie mir bitte kurz schildern, wie Sie die Maßnahme verstanden haben?«
2. Transparenz
   - Man spricht offen Unsicherheiten, Grenzen oder die nächsten Schritte an.
   - Dies erhöht die Glaubwürdigkeit und das Vertrauen.
   - Beispiel: »Ich prüfe das noch einmal und gebe Ihnen morgen Rückmeldung.«

Ziel der Methode

- Missverständnisse vermeiden.
- Vertrauen und Klarheit schaffen.
- Patientensicherheit und Informationsqualität verbessern.
- In Stress- oder Notfallsituationen eine strukturierte Kommunikation gewährleisten.

7.2.1 Infobox: Interkulturelles Krisenmanagement/Umgang mit kulturellen Unterschieden

Tabelle 28: *Interkulturelles Krisenmanagement*

Thema	Kernaussagen
Definition	Gezielte Krisenbewältigung in kulturell diversen Kontexten; ergänzt das allgemeine Krisenmanagement um kultursensible Herausforderungen und Chancen.
Kontext in Deutschland	Historisch vielfältig; hohe Mobilität; 2024 ca. 25,2 Mio. Menschen mit Migrationshintergrund (~30 %), 42,5 % unter 20 Jahren; größte Gruppen u. a. türkisch (~3 Mio.), polnisch (2,2 Mio.), russisch (1,4 Mio.), rumänisch (1,1 Mio.).
Kern-Herausforderungen	Kurzfristig: Unterbringung bei hohen Zugangszahlen (Messehallen, Zeltstädte). Langfristig: Unterschiedliche Erfahrungen/Normen → abweichende Wahrnehmung und Reaktion in Stresslagen.
Informationsblasen	Unterschiedliche Leitquellen (z. B. Tagesschau vs. Herkunftsmedien/Influencer) → divergierende Krisendeutung; Risiko von Fehl- und Desinformation.
Erwartungen an Staat/ Einsatzkräfte	Kulturgeprägte Erwartungen (hierarchisch vs. kollektiv), Erfahrungen mit Rassismus/Korruption, Angst vor Behörden/Ausweisung → Rückzug/Non-Compliance möglich.
Religion	Starker Verhaltensfaktor; nicht verallgemeinern: große intra-religiöse Unterschiede (Region, Prägung).
Besonderheiten bei Stress	Menschen fallen auf kulturell verankerte Muster zurück; Reaktionen reichen von Gelassenheit (z. B. vertraute Stromausfälle) bis Trigger/PTBS.
Lösungsansätze (Organisation)	Bewusstseinsbildung und interkulturelle Kompetenz für alle Rollen; diverse Teams; frühzeitige Einbindung von Menschen mit Migrationshintergrund (auch zur Traumavermeidung und Selbstwirksamkeit); strukturierte Zusammenarbeit über Runde Tische und Szenario-Dialoge.

Tabelle 28: ***Interkulturelles Krisenmanagement – Fortsetzung***

Thema	Kernaussagen
Praxis: Kommunikationsstrategien	Offenheit/Neugier; aktives Zuhören und Rückfragen; klare, einfache Sprache; Übersetzungstools/Mehrsprachigkeit; bewusster Umgang mit nonverbaler Kommunikation; Feedback-Schleifen; sensible Begründung bei Ablehnung von Hilfe – alternative Einsatzmöglichkeiten anbieten.
Praxis: Maßnahmen für Einsatzkräfte (kurz)	Eigene und fremde Prägungen reflektieren; Trainings nutzen; Perspektivwechsel üben; Netzwerke und Vertrauen vorab aufbauen; schriftlich/asynchron ergänzen; Technologie (KI-Übersetzung) nutzen; Team divers, flexibel und agil; regelmäßige Reviews; Vorbildfunktion und Bias-Reflexion.
Nutzen diverser Teams	Mehr Kreativität, Agilität, Problemlösung → höhere Resilienz.
Kernaussage	Interkulturelles Krisenmanagement heißt: kultursensibel planen, kommunizieren und handeln – früh einbinden, Vielfalt nutzen, Vertrauen aufbauen.

7.2.2 Praxis-Tipps kompakt: Interkulturelles Krisenmanagement/ Umgang mit kulturellen Unterschieden

Ziel ist es, schnell, respektvoll und wirksam zu handeln – trotz Sprach-, Kultur- und Vertrauensbarrieren. Hinzu kommt, dass die Sicherheit, Teilhabe und Verständlichkeit für alle gewährleistet sein muss.

Zeitnah

- Kontaktliste Ansprechpartner für die Gemeinschaft: Moscheeverein, Kirchen, migrantische Vereine, Jugend- und Seniorentreffs, Dolmetscherdienste, Migrantenvertretung.
- Sprachlage klären: Top-5 Sprachen im Zuständigkeitsbereich, Notfall-Dolmetscherpool (24/7) und Telefon-/Video-Dolmetschen.
- Vorlagen öffnen: Mehrsprachige Erstmeldung (»Was ist passiert? Was tun?«) und Piktogramm-Set (Wasser, Sammelstelle, Arzt, Ruhezone).

- Rollen benennen: Verantwortliche für »Interkulturelle Lage/Community Relations« im Krisenstab (Vertretung regeln).
- No-Go-Liste sichtbar machen: Kinder nicht dolmetschen lassen; sensiblen Inhalt nie über Laienübersetzung; keine Pauschalisierungen.
- Mini-Übung (45 bis 60 Minuten): Evakuierung in Quartier mit gemischter Community – Dolmetscheraufruf, Lautsprecherdurchsagen, Frauen/Männer-Privatsphäre, religiöse Bedürfnisse.
- Kanäle kartieren: Welche Medien/Influencer nutzen große Communities? (TV aus Herkunftsländern, Telegram/WhatsApp-Gruppen) → gezielte Aussendung vorbereiten.
- Hinweisstellen schaffen: Hotline und E-Mail und Web-Formular für Gerüchte in Fremdsprachen (»Haben Sie etwas gehört? Sagen Sie es uns.«).
- Lager/Unterkunft prüfen: Abtrennbare Bereiche, Familien-/Frauenräume, Still-/Gebetsräume, passende Verpflegung (vegan/halal/koscher).
- Schnellbriefing »Kultur und Trauma« (eine Seite): Dos/Don'ts, Trigger vermeiden (Sirenen in Unterkünften, grelles Licht), Deeskalation.

Dieses Quartal

- Kooperationsabkommen (MoU): Mit Religions-/Kulturvereinen, Wohlfahrt, Dolmetscherdiensten, Migrationsberatung – inkl. Alarmierungsweg und Aufwandsentschädigung.
- Team divers aufstellen: Community-Mediatoren als ehrenamtliche Fachberater im Stab; Nachwuchs aus Communities gewinnen.
- Materialpaket interkulturell: Mehrsprachige Aushänge (Leichte Sprache), Vorlese-QR-Codes, Piktogramm-Mappe, Armbinden »Interpreter«.
- Schulung: Kurzmodule zu aktiver Zuhörtechnik, bias-sensible Sprache, »Teach-back« (Rückübersetzung), Trauma-Basics.
- Datenschutz/Einwilligung: Mehrsprachige Einwilligungen (Foto/Name/Unterkunft), klare Regeln für Social Media-Bilder.

In der Lage – erste 90 Minuten

- Lage und Community-Impact: Wer ist betroffen (Sprachen, vulnerable Gruppen)? Welche Kanäle erreichen sie?
- Erstbotschaft parallel mehrsprachig: Deutsch und Top-3 Sprachen, zusätzlich Piktogramme (Website, Social Media, Lautsprecher, Aushang in Treffpunkten).

- Dolmetscherschaltung: Telefon-/Video-Dolmetscher in Hotline und Evakuierungsstellen; Kennzeichnung der Dolmetscher vor Ort.
- Schutz und Würde: Sichtschutz, getrennte Bereiche wo nötig, weibliches Personal für sensible Lagen einplanen.
- Gerüchte-Check: »Faktencheck«-Kachel auch fremdsprachig; Rückfragen-Formular; Ansprechpersonen für die Gemeinschaft als Multiplikatoren.
- Dokumentieren: Welche Botschaft in welcher Sprache?/Wo veröffentlicht?; Feedback/Verständnis prüfen (Stichprobe »Teach-back«).

Kommunikation – Dos und Don'ts

Do

- Einfach, konkret, handlungsorientiert (»Gehen Sie zur Sammelstelle XY«).
- Leichte Sprache, Piktogramme und Audio/Video-Snippets.
- Aktiv nachfragen und zusammenfassen lassen (»Haben Sie verstanden? Bitte wiederholen.«).
- Respekt vor religiösen Praktiken (Gebetszeiten, Kleidung), pragmatisch Lösungen finden.

Don't

- Duzen »weil international«; Slang/Fachjargon; Ironie.
- Kinder/Angehörige als Dolmetscher einsetzen.
- Stereotype (»die Community«) oder Wertungen.
- Fotos/Posts ohne Einwilligung.

Werkzeuge (schnell einsatzbereit)

- »3A+ 2T«-Methode: Anerkennen – Abklären – Anpassen + Teach-back – Transparenz.
- Intake-Kärtchen an der Tür: Sprache, Kontaktperson, besondere Bedürfnisse (Medikamente, Diät, Religion, Genderpräferenzen).
- Mehrsprachige Steckbriefe: Evakuierung, Wasserabkochen, Blackout, Hitze/Kälte – je fünf Sätze und Piktogramme.
- Mediatoren-Liste: Name, Sprache, Erreichbarkeit, Einsatzfenster, Vergütung.

Zusammenarbeit und Spontanhelfende

- Einbindung statt Abweisung: Aufgaben definieren (Info verteilen, Übersetzen, Lotsen), kurze Einweisung/PSA, Haftung klären.
- Runder Tisch »Krise und Kultur« (präventiv): Szenarien, Erwartungen, Grenzen der Verwaltung, Angebote der Communities.

Merksätze

- Verstanden schlägt gesagt.
- Respekt ist das schnellste Einsatzmittel – kostet nichts, wirkt sofort.
- Eine Botschaft, viele Sprachen – ein Handeln.
- Nicht über Communities sprechen – mit ihnen handeln.
- Traumasensibel: ruhig, klar, vorhersehbar.

7.3 Hybride Bedrohungen

Die Sicherheitslage in Europa und weltweit hat sich in den letzten Jahren grundlegend gewandelt. Neben klassischen Katastrophenszenarien wie Naturereignissen oder technischen Großunfällen treten zunehmend sogenannte hybride Bedrohungen in den Vordergrund. Diese zeichnen sich durch die Kombination konventioneller und unkonventioneller Mittel aus – etwa durch die gleichzeitige Nutzung von Cyber-Angriffen, Desinformation, wirtschaftlichem Druck und physischer Gewalt. Für den Bevölkerungsschutz bedeutet dies eine tiefgreifende strategische und operative Neuausrichtung.

Hybride Bedrohungen im Bevölkerungsschutz sind komplexe und vielschichtige Angriffs- oder Bedrohungsformen, die physische, digitale, psychologische und sonstige Mittel kombinieren, um Gesellschaften zu destabilisieren. Konkrete Beispiele zeigen, wie solche Bedrohungen auftreten können und wie bereits die Bedrohung an sich zu negativen Auswirkungen führt. Allein die Drohung, dass die Straße von Hormus (oder ein anderer Engpass) gesperrt, vermint oder Angriffsfeld werden könnte, führt zu einer Erhöhung des Ölpreises.

7.3.1 Begriffsklärung

Hybride Bedrohungen sind seit einigen Jahren im Bevölkerungsschutz ein zentrales Thema. Was ist darunter zu verstehen? Hybride Bedrohungen sind häufig komplexe, schwer eindeutig zu identifizierende Angriffs- oder Bedrohungsformen, die verschiedene Mittel und Ebenen kombinieren und aktuell einem schnellen Veränderungsprozess unterliegen. Das Ziel hybrider Bedrohungen ist nicht unbedingt die physische Zerstörung, sondern auch die Verunsicherung, Spaltung, Lähmung oder einfach nur Schwächung einer Gesellschaft, eine Reduktion der (gesellschaftlichen) Resilienz. Sehr häufig ist ein Teil der Methode, dass der konkret Handelnde bzw. seine Auftraggeber nicht eindeutig identifiziert werden können. Im Jahre 2026 verdichten sich aber auch die Hinweise, dass es gewollt ist, dass erkannt wird, dass hybride Beeinträchtigungen auf Russland zurückzuführen sind, Bedrohung und Angriff sind hier untrennbar verwoben und gehen (in der Regel beabsichtigt) nahtlos ineinander über, vergleichbar etwa mit der allgemeingültigen Definition der »Folter«, die schon das Androhen der Folter, das Zeigen der Folterinstrumente und Beschreiben ihrer Wirkungen als Folter definiert. Beispiele für hybride Bedrohungen sind:

- Cyber-Angriffe auf Kritische Infrastrukturen (z. B. Stromnetze, Krankenhäuser, Feuerwehr, IT-Dienstleister, Rettungsdienste etc.),
- Desinformationskampagnen zur Destabilisierung gesellschaftlicher Prozesse oder Verhinderung positiver Eingliederungsprozesse[22],
- Politische Einflussnahme durch verdeckte Akteure,
- Sabotageakte[23] oder gezielte Störungen von Versorgungsketten,
- Kombination mit konventionellen Krisen wie Pandemien oder Naturkatastrophen,
- Verstöße gegen das Völkerrecht (»Flüchtlinge als Waffe«),
- Schaffung von Einfallstoren, um später Schäden anrichten zu können,
- Schaffen und Schüren von Unzufriedenheit.

7.3.2 Relevanz hybrider Bedrohungen für den Bevölkerungsschutz

Der Bevölkerungsschutz ist traditionell auf klar definierte Szenarien ausgerichtet – etwa Hochwasser, Stromausfälle oder Evakuierungen. Deren Bewältigung wird von

22 Besonders anschaulich wird das an den »Fake News«-Berichten im Jahre 2016 über ein russischstämmiges Mädchen namens Lisa, das von Flüchtlingen entführt und vergewaltigt worden sein sollte, die Polizei aber nichts tut. Diese »Desinformationskampagne« zielte augenscheinlich auf die Desintegration der russischstämmigen Community in Deutschland, im Besonderen in Ostberlin. Kanzlerin Merkel persönlich sah sich zu einer Richtigstellung veranlasst.

23 Die Transparenz im Bereich von Bahninfrastruktur und Stromtrassen (beides weitestgehend im Internet einsehbar) ermöglicht praktisch jedermann derartige Anschläge zu begehen. Menschen werden dazu kurzfristig und nur für diese Tat rekrutiert und danach nicht mehr genutzt (»Wegwerfagenten oder Einweg-Terroristen«).

den Zuständigen trainiert und in der Regel beherrscht. Vor allem die Feuerwehr zeichnet sich durch ein hohes Maß entsprechender Fachkompetenz aus und konnte den Gefahren, regelmäßig auf der Grundlage eines lokalen Schwerpunktes und damit klarer örtlicher Zuständigkeiten, begegnen. Hybride Bedrohungen stellen diese Logik infrage. Neue Fragestellungen ergeben sich zum Beispiel im Hinblick auf folgende Bereiche:

- Unklare Verantwortlichkeiten: Wer ist zuständig bei einem Cyber-Angriff mit gesellschaftlichen Folgen?
- Fehlende Frühwarnsysteme: Desinformation verbreitet sich schneller als jede Sirene.
- Intersektorale Abhängigkeiten: Ein Angriff auf das Internet kann medizinische Versorgung, Verkehr und Kommunikation gleichzeitig treffen.
- Passt die Unterscheidung zwischen Gefahrenabwehr und Katastrophenschutz auf der einen Seite (Landeszuständigkeit) und Zivilschutz und Zivile Verteidigung (Bundeszuständigkeit) auf der anderen Seite noch? Die klassische Trennung zwischen Gefahrenabwehr und Katastrophenschutz (Länder) sowie Zivilschutz und Ziviler Verteidigung (Bund) gerät durch hybride Bedrohungen zunehmend an ihre Grenzen. Die föderale Kompetenzordnung des Grundgesetzes, nach der Länder und Kommunen zuständig bleiben, solange keine ausdrückliche Bundeszuständigkeit besteht, kann dazu führen, dass hybride Angriffe und ihre Beantwortung vor allem lokal adressiert werden müssen – obwohl gerade staatlich gesteuerte, komplexe hybride Operationen effektiver durch koordinierte Maßnahmen des Bundes und gegebenenfalls unter Einsatz von Kompetenzen der Bundeswehr bewältigt werden können.

7.3.3 Strategische Ansätze zur Resilienzsteigerung bei hybriden Bedrohungen

Um dem Phänomen hybrider Bedrohungen zu begegnen, braucht es eine neue Denkweise im Bevölkerungsschutz. Diese hat eine Reihe einzelner Elemente:

1. Vernetzte Lagebilder
   - Integration von Cyber-Lage, Medienmonitoring und physischer Gefahrenlage,
   - Zusammenarbeit mit Nachrichtendiensten, CERTs (Computer Emergency Response Teams des BSI) und zivilgesellschaftlichen Organisationen.

2. Schulung und Sensibilisierung
   - Fortbildung von Einsatzkräften zu digitalen Risiken und Desinformation,
   - Aufbau von digitaler Kompetenz und Resilienz in der Bevölkerung.
3. Erweiterte Krisenkommunikation (Krisenkommunikation 2.0)
   - Proaktive, transparente Kommunikation über Social Media,
   - Bekämpfung von Fake News durch Faktenchecks und vertrauenswürdige Quellen,
   - Sensibilisierung für mögliche »Fakes« oder Manipulationen (Telegram-Kanal).
4. Planspiele und Szenarien
   - Entwicklung hybrider Übungsszenarien (z. B. Stromausfall + Cyber-Angriff + Desinformation),
   - Einbindung nichtstaatlicher Akteure in die Krisenvorsorge.
5. Neues Denken
   - Trainieren mit Unsicherheiten,
   - Aufbrechen von Ursache – Wirkung Kausalitäten,
   - Trainieren mit deutlicher Handlungskompetenz auf der Basis von Wahrscheinlichkeiten,
   - Trainieren von »Worst-Case-Szenarien«.

7.3.4 Aktuelle Fallbeispiele und Entwicklungen

Die Relevanz hybrider Bedrohungen veranschaulicht sich an konkreten Beispielen. Zu nennen sind:

1. Konflikte
   - Ukraine-Konflikt: Kombination aus militärischer Gewalt, Cyber-Angriffen und Desinformation,
   - Auswirkungen entfernter Konflikte (Gaza, Jemen). Teuerungen, Verzögerungen und Umweltbelastungen aufgrund von Gefährdungen im Roten Meer, in der Straße von Hormus, im Suez-Kanal.
2. Pandemien und Gesundheitsbeeinträchtigungen
   - COVID-19-Pandemie: Fake News und Verschwörungstheorien als hybride Elemente.

3. Cyber-Angriffe auf Kritische Infrastrukturen
   - Angriffe auf IT-Systeme von Krankenhäusern, die zu Ausfällen in der Patientenversorgung führen,
   - Blackout-Szenarien: Cyber-Angriffe auf Stromnetze mit realen Auswirkungen auf Bevölkerungsschutzmaßnahmen,
   - IT-Ausfall (z. B. Angriffe auf Rechenzentren und Dienstleister nordrhein-westfälischer Kommunen, Angriff auf Bitterfeld).
4. Physische Sabotage und Spionage
   - Drohnenüberflüge über militärische oder zivile Einrichtungen, um sensible Daten zu sammeln oder schlicht zu verunsichern,
   - Manipulation von Unterseekabeln, die die Internetverbindung ganzer Regionen stören können,
   - Manipulation oder Zerstörung von Gas- oder Ölpipelines,
   - Sabotage von Verkehrsleit- und Energiesystemen, z. B. durch Ransomware-Attacken auf Stadtwerke, Übertragungsnetzbetreiber oder Bahnnetze,
   - Störung der Satellitenkommunikation.
5. Wirtschaftliche Einflussnahme
   - Investitionen in Schlüsselindustrien durch ausländische Akteure, um politische oder wirtschaftliche Kontrolle auszuüben (Kauf von Gasspeichern oder Raffinerien),
   - Erpressung oder Druck auf (lokale) Unternehmen, etwa durch gezielte Lieferkettenunterbrechungen,
   - Nutzung von Schlüsselinfrastruktur (Duisburger Hafen).
6. Psychologische Beeinträchtigung bzw. Destabilisierung
   - Verbreitung von Panik-/Falschmeldungen über angebliche Terroranschläge, Gewalt oder Naturkatastrophen,
   - Störung öffentlicher Debatten durch automatisierte Bots, die extreme Meinungen verstärken und Polarisierung fördern, oder sachliche Auseinandersetzungen verhindern,
   - Initiierung von Kontroversen, die sich steigern (Russland unterstützt beide Seiten einer emotional aufgeladenen Debatte, durch von ihm finanzierte, offiziell neutrale Plattformen und Vereine).
7. Informationsmanipulation und Desinformation
   - Fake News in Social Media zur Verunsicherung der Bevölkerung, z. B. über angebliche Stromausfälle oder Wasservergiftungen,

   - Gezielte Desinformationskampagnen vor Wahlen, um das Vertrauen in demokratische Prozesse zu untergraben.
8. Heute noch nicht erkennbare hybride Bedrohungen
   - Diese Bedrohungen sind besonders gefährlich, weil sie regelmäßig unterhalb der Schwelle eines offenen Konflikts bleiben und schwer eindeutig zuzuordnen sind. Aufgrund der Wertung des Grundgesetzes (Der Bund ist nur für das zuständig, was das Grundgesetz ausdrücklich benennt.) erfolgt in Deutschland eine Zuordnung zum Katastrophenschutz bzw. zur Gefahrenabwehr und damit der Landes- oder Kommunalzuständigkeit. So nutzen hybride Bedrohungen oder Angriffe gezielt die Offenheit und Transparenz demokratischer Gesellschaften aus.

Fazit

Hybride Bedrohungen oder Angriffe sind kein Zukunftsszenario mehr, sondern Realität. Der Bevölkerungsschutz muss sich als lernendes System begreifen, das flexibel, vernetzt und vorausschauend agiert. Durch eine Kombination aus technischer Expertise, gesellschaftlicher Resilienz und strategischer Kommunikation kann der Schutz der Bevölkerung auch unter hybriden Bedingungen effektiv gewährleistet werden. Eine Vorbereitung auf derartige Gefahren ist schon aktuell notwendig.

Frage: Wo sehen Sie das größte Gefahrenpotential für hybride Bedrohungen in Ihrer Gebietskörperschaft, Ihrem Unternehmen, Ihrer Behörde?

7.3.5 Infobox: Hybride Bedrohungen

Tabelle 29: ***Hybride Bedrohungen***

Thema	Kernaussagen
Begriff	Kombinierte Angriffs-/Beeinflussungsformen (physisch, digital, psychologisch, wirtschaftlich), oft schwer zuzuordnen (Attribuierung); Ziel: Verunsicherung, Spaltung, Lähmung, Schwächung gesellschaftlicher Resilienz.
Relevanz für den Bevölkerungsschutz	Neue, grenzüberschreitende Lagen → klassische Szenario-Logik stößt an Grenzen; Drohungen wirken bereits (z. B. Straße von Hormus → Ölpreis steigt).

Tabelle 29: ***Hybride Bedrohungen – Fortsetzung***

Thema	**Kernaussagen**
Typische Mittel	▪ Cyber-Angriffe auf KRITIS ▪ Desinformation/Informationsmanipulation ▪ Politische Einflussnahme/Spionage ▪ Sabotage/Lieferkettenstörungen ▪ Kombination mit Naturereignissen/Pandemien ▪ »Flüchtlinge als Waffe« ▪ Unzufriedenheit gezielt schüren
Herausforderungen	▪ Unklare Zuständigkeiten (Cyber mit gesellschaftlichen Folgen?) ▪ Fehlende Frühwarnsysteme für Desinformation ▪ Interdependenzen (IT-Ausfall trifft Medizin/Verkehr/Kommunikation) ▪ Bund/Land-Logik teils unpassend (KatS vs. Zivilschutz)
Strategische Ansätze (Resilienz)	▪ Vernetzte Lagebilder: Cyber-, Medien- und Physikallage (z. B.: Auswirkungen aus Naturereignissen, technischen und anthropogenen Ursachen) integrieren; mit CERTs/Nachrichtendiensten/Zivilgesellschaft kooperieren. ▪ Schulung/Sensibilisierung: Digitalkompetenz bei Kräften und Bevölkerung erhöhen. ▪ Krisenkommunikation 2.0: proaktiv, transparent, faktenbasiert; Fake News-Checks, Kanäle/Monitoring (z. B. Telegram). ▪ Übungen/Szenarien: hybride Lagen (Blackout + Cyber + Desinforomtion), nichtstaatliche Akteure einbinden. ▪ Neues Denken: mit Unsicherheit/Wahrscheinlichkeiten arbeiten; Worst-Case üben.

Tabelle 29: ***Hybride Bedrohungen – Fortsetzung***

Thema	Kernaussagen
Aktuelle Beispiele	▪ Konflikte: Ukraine (Militär + Cyber + Desinformation); Auswirkungen Gaza/Jemen (Seewege, Preise) ▪ Gesundheit: COVID-19 (Verschwörungserzählungen) ▪ KRITIS: Angriffe auf Kliniken, Stromnetze, kommunale IT-Dienstleister ▪ Sabotage/Spionage: Unterseekabel, Pipelines, Drohnen, Bahn-/Energienetze, Satellitenstörungen ▪ Wirtschaft: strategische Investitionen, Lieferketten-Erpressung (z. B. Häfen) ▪ Psychologie: Panikmeldungen, künstlich befeuerte Kontroversen
Besonderheiten	Agieren unterhalb der Eskalationsschwelle, Attribution oft verschleiert; offene, transparente Demokratien besonders angreifbar; in DE oft KatS/Landes- bzw. Kommunalzuständigkeit trotz gesamtstaatlicher Dimension
Fazit	Hybride Bedrohungen sind die Gegenwart. Bevölkerungsschutz muss lernend, vernetzt, flexibel handeln; Technik, Kommunikation und gesellschaftliche Resilienz kombinieren; jetzt vorbereiten
Reflexionsfrage	Wo liegt das größte hybride Risiko in Ihrer Gebietskörperschaft/Behörde/Ihrem Unternehmen? (Zuständigkeiten, Abhängigkeiten, Kommunikationslage prüfen.)

7.3.6 Praxis-Tipps kompakt: Hybride Bedrohungen

Das Ziel ist es, kombinierte Angriffe (digital, physisch, psychologisch, wirtschaftlich) mit einer kombinierten, vernetzten Antwort zu erkennen, einzuhegen und abzuwehren.

Zeitnah

- Hybrid-Lead benennen (Stabsstelle »Hybrid« im Krisenstab) und feste Vertretung.

- Fusion Cell, kleine, meist temporär eingerichtete operative Einheit aktivierbar machen: Mini-Team aus Lage/IT-CERT, Ordnung/Polizei-Kontakt, Pressestelle, KRITIS-Bezug.
- Kontaktmatrix aktualisieren: CERT-Bund/BSI, LKA-Cyber-Crime/Staatsschutz, Verfassungsschutz, Netz-/Stadtwerke, Rettungsdienste, lokale Medien.
- Kommunikationsgrundsatz beschließen: One Message Strategy (eine Botschaft, viele Sprecher) und Freigabekette.
- Deep Fake/Desinformation-SOP festlegen: Prüfkriterien, Rückruf bei Quelle, Notfall-»Gegenstimme«-Posting.
- »Gerüchte-Ticker« (Web/Social) vorbereiten: Format »Gerücht/Fakt/Handlung«.
- Tabletop »Hybrid« (90 Min): Stromstörung + Phishing + Falschmeldung. Rollen, Schwellenwerte, Übergabe an Polizei/VS üben.
- Social-Listening aufsetzen: Schlüsselwörter, Bot-Muster, Monitoringzeiten, Meldeweg an Pressestelle/Fusion Cell.
- Account-Sicherheit erhärten: Multi-Faktor-Authentifizierung (MFA) mit Sicherheitsschlüsseln, Wiederherstellungs-Owner, Notfallzugänge, Passwort-Tresor.
- Darksite/Notfall-Landingpage inkl. Mehrsprachigkeit und Piktogramme vorbereiten.
- Redundante Kanäle testen: Lautsprecher, Aushänge, Radio, Warn-Apps (Cell Broadcast, NINA/KATWARN).

Im ersten Quartal

- Vernetztes Lagebild etablieren: IT-Events (SIEM), Leitstelle, KRITIS-Störungen, Medienmonitoring in einer Lageübersicht (stündlich).
- Crown Jewel-Mapping: Welche Dienste müssen unter allen Umständen laufen (Rathaus-IT, Zahlstellen, Wasser, Abwasser, Pflegeheime)?
- Absprachen und MoUs: KRITIS-Betreiber, Nachbarkommunen, Medienhäuser (Krisenbriefings), Dolmetschdienste.
- Fallback-Kommunikation und Energie: Satellitentelefone, BOS-Funk, Notstromaggregate, Diesel/Fuel-Plan, Akkulager, Papierformulare.
- Lieferketten prüfen: Kritische Dienstleister (IT/Cloud/Rechenzentrum) – Notfallkontakte, SLAs, Offsite-Back-ups, Ausweichprozesse.

In der Lage – erste 120 Minuten

- Typ klären: Cyber? Physisch? Desinformation? Wirtschaftlich? → häufig kombiniert.
- Vereinheitlichen: Krisenstab und Fusion Cell → eine Lage, priorisierte Ziele, Schwellenwerte (Gelb/Orange/Rot).
- Sichern vor kommunizieren: Systeme isolieren, KRITIS informieren, Polizei/CERT andocken.
- Erstbotschaft (max. fünf Sätze): Was ist bekannt/unbekannt?/Was tun wir?/Was können Bürger tun?/nächstes Update-Fenster.
- Gerüchte managen: Ticker starten, Falschmeldungen nüchtern »entlarven (debunking)«, Belege verlinken, Prebunking, also Menschen auf Manipulationen vorbereiten (»Es kursieren evtl. gefälschte Audios…«).
- Spuren und Doku: Entscheidungen, Quellen, Screenshots, Hashes sichern (Strafverfolgung/Evaluation).

Kommunikations-Playbook 2.0

- Tempo: lieber früh und ehrlich unvollständig als spät und perfekt.
- Form: Klartext, Leichte Sprache, Mehrsprachigkeit, Piktogramme, kurze Videostatements.
- Kanäle gestaffelt: Warn-App/Website/Social Media/lokale Medien/analog.
- Mustertexte bereit: Blackout, Wasserwarnung, IT-Ausfall, Fake-Accounts, Schulbetrieb.
- One Message statt One Voice: mehrere Sprecher – identische Kernbotschaft.

Technische und physische Mindeststandards

- IT: MFA überall, Netzwerksegmentierung, Patch-/Back-up-Regime (3-2-1), Log-Weiterleitung (SIEM), E-Mail-Sandboxing, also ausführen in einer isolierten, kontrollierten Umgebung.
- Physisch: Zutrittskontrollen KRITIS-Objekte, Drohnen-Meldeweg, Kameraschutz, Notbeleuchtung.
- Organisation: Bereitschaftslisten, 24/7-Rufbereitschaft, Schichtfähigkeit (mind. 2-fach), Vertretungen dokumentiert.

Frühwarnsignale (Indikatoren)

- Plötzliche Bot-/Trollspikes, neue Fake-Behördenaccounts, gefälschte Pressemitteilungen.

- Gleichzeitige Phishing-Welle und ICS/OT-Anomalien bei Stadtwerken.
- Drohnen-Sichtungen nahe KRITIS, Kabel-/Rohrnetz-Störungen, ungewöhnliche Ausfälle.
- Preis-/Lieferketten-Anomalien, koordiniert mit Desinforomationsnarrativen.

  → Schwelle »Orange«: Lagebild verdichten, Sprecher aktivieren, Präventivbotschaften veröffentlichen.

Übungen und Lernen

- Quartalsweise Hybrid-Übung: IT + Kommunikation + Ordnung + KRITIS.
- Red-Team-Test (simulierte Fake News und Fake Audios).
- AAR in 7/30 Tagen mit Lessons Learned-Backlog und klarer Verantwortlichkeit zur Umsetzung.

Merksätze

- Hybrid ist kombiniert – die Antwort auch.
- Schnelligkeit und Wahrhaftigkeit schlagen Perfektion.
- Eine Botschaft, viele Kanäle.
- Erst sichern, dann erklären – und beides dokumentieren.
- Desinformation bekämpft man mit Fakten, Tempo und Vertrauen.

7.4 Zivilschutz – Zivile Verteidigung und zivile Alarmplanung

7.4.1 Zivilschutz – ein wieder aktuelles Thema

In einer Zeit wachsender geopolitischer Spannungen, hybrider Bedrohungen und zunehmend verwundbarer Infrastrukturen gewinnt ein Bereich an Bedeutung zurück, der nach der Wiedervereinigung Deutschlands lange Zeit in einen politischen und organisatorischen Dornröschenschlaf gefallen war: die **Zivile Verteidigung**. Einst integraler Bestandteil der Gesamtverteidigung der Bundesrepublik, wurde sie nach dem Ende des Kalten Krieges vielerorts entkernt, ihre Strukturen abgebaut, ihre Relevanz unterschätzt. Heute steht fest: Dieses Versäumnis muss korrigiert werden – umfassend, entschlossen und zukunftsorientiert.

Die Zivile Verteidigung ist keine isolierte Disziplin. Sie ist Teil eines größeren sicherheitspolitischen Konzeptes: der **Gesamtverteidigung**, die den Schulterschluss zwischen militärischer und ziviler Resilienz sucht. Nur im Zusammenspiel beider Kräfte lässt sich die Handlungsfähigkeit eines demokratischen Rechtsstaates in schweren Krisen oder im Verteidigungsfall wahren.

Konkret ruht die Zivile Verteidigung auf vier tragenden Säulen:

1. **Aufrechterhaltung der Staats- und Regierungsfunktionen** (SURF) – denn der Staat muss auch unter Extrembedingungen handlungsfähig bleiben. Das gilt selbstverständlich auch für Kommunen.
2. **Zivilschutz** – Schutz der Bevölkerung, ihrer Gesundheit und ihres Lebensraums vor Kriegseinwirkungen und Katastrophen.
3. **Versorgung der Bevölkerung** – durch sichere Verfügbarkeit lebensnotwendiger Güter wie Wasser, Energie, Nahrungsmittel und medizinische Versorgung.
4. **Unterstützung der Streitkräfte** – durch Bereitstellung ziviler Infrastruktur, logistischer Unterstützung und gesellschaftlicher Resilienz.

Diese vier Pfeiler bilden das Rückgrat einer modernen, integralen Zivilen Verteidigung. Doch sie sind heute nur noch bruchstückhaft vorhanden. Die Herausforderungen des 21. Jahrhunderts – von Cyber-Angriffen bis hin zu Desinformationskampagnen und potenziellen militärischen Konflikten – machen deutlich: Die zivile Verteidigungsarchitektur muss von Grund auf neu gedacht, geplant und aufgebaut werden. Dies ist nicht nur eine technische oder organisatorische Aufgabe – es ist ein Akt staatlicher Selbstbehauptung und Ausdruck politischer Verantwortung gegenüber der Bevölkerung.

Gerade den Kommunen kommt in der Zivilen Verteidigung eine Schlüsselrolle zu. Sie sind die erste staatliche Ebene, auf der Krisen konkret spürbar werden – und zugleich diejenige, die als erste reagieren muss. Ob es um Evakuierungen, Notunterkünfte, medizinische Erstversorgung oder die Aufrechterhaltung der Daseinsvorsorge geht: Kommunale Verwaltungen, Feuerwehren, Katastrophenschutzbehörden und Hilfsorganisationen bilden das operative Rückgrat des Zivilschutzes vor Ort. Ohne leistungsfähige kommunale Strukturen ist jede zivile Verteidigungsplanung Makulatur. Daher müssen die Städte, Gemeinden und Landkreise nicht nur in die konzeptionelle Neuaufstellung eingebunden werden, sondern auch finanziell, personell und organisatorisch gestärkt aus ihr hervorgehen. Zivile Verteidigung beginnt an der Basis – in der Kommune, im Rathaus.

In diesem Kapitel werden die Grundzüge des Zivilschutzes dargestellt, Zuständigkeiten geklärt und die kommunalen Anforderungen an die zivile Alarmplanung und Schutzmaßnahmen erläutert.

7.4.2 Was ist Zivilschutz?

Zivilschutz ist Teil der Zivilen Verteidigung im Rahmen der Gesamtverteidigung Deutschlands. Er umfasst alle nicht-militärischen Maßnahmen zum Schutz der Bevölkerung, lebenswichtiger Infrastrukturen und staatlicher Strukturen im Verteidigungs- oder Spannungsfall, aber auch bei vergleichbaren Großschadenslagen. Er ist verankert in:

- dem Grundgesetz (Art. 73 Abs. 1 Nr. 1 GG – ausschließliche Bundeszuständigkeit),
- dem Zivilschutz- und Katastrophenhilfegesetz (ZSKG),
- und wird in Friedenszeiten ergänzt durch Maßnahmen des Bevölkerungsschutzes (Landeszuständigkeit).

7.4.3 Aufgaben des Zivilschutzes

Zu den zentralen Elementen des Zivilschutzes zählen:

- Warnung und Alarmierung der Bevölkerung,
- Evakuierung und Notunterbringung,
- Aufrechterhaltung Kritischer Infrastrukturen (KRITIS),
- Zivile Alarmplanung (z. B. Stromabschaltungen, Verkehrslenkung, Versorgungsengpässe),
- Selbstschutzförderung der Bevölkerung.

7.4.4 Zuständigkeiten auf den verschiedenen Ebenen

a) Bund
   - Gesamtverantwortung im Verteidigungsfall,
   - Planung von Schutzmaßnahmen (z. B. Luftschutz, Sirenenförderprogramme, Vorratswesen).

b) Länder
   - Durchführung des Katastrophenschutzes,
   - Aufbau von Landeswarnsystemen und Koordinierung mit Kommunen.

c) Kommunen (Landkreise, kreisfreie Städte)
   - Die Kommunen haben die zentrale operative Verantwortung in der Vorbereitung und Umsetzung.

7.4.5 Infobox: Zivilschutz – Zivile Verteidigung und zivile Alarmplanung

Tabelle 30: ***Zivilschutz***

Thema	Kernaussagen
Warum wieder aktuell?	Geopolitische Spannungen, hybride Bedrohungen, verwundbare Infrastrukturen → Zivile Verteidigung neu aufbauen; Kommunen als operatives Rückgrat.
Vier Säulen der Zivilen Verteidigung	▪ SURF: Staats-/Regierungsfunktionen sichern (auch kommunal) ▪ Zivilschutz: Schutz von Bevölkerung und Lebensraum ▪ Versorgung: Wasser, Energie, Nahrung, Medizin ▪ Unterstützung der Streitkräfte: Infrastruktur, Logistik, gesellschaftliche Resilienz
Definition Zivilschutz	Teil der Zivilen Verteidigung; alle nicht-militärischen Maßnahmen zum Schutz von Bevölkerung, KRITIS und Staat im Verteidigungs-/Spannungsfall sowie bei vergleichbaren Großschadenslagen.
Rechtsgrundlagen	GG Art. 73 Abs. 1 Nr. 1 (Bundeszuständigkeit), ZSKG; in Friedenszeiten ergänzt durch Katastrophenschutz (Länderzuständigkeit).
Kernaufgaben Zivilschutz	▪ Warnung und Alarmierung ▪ Evakuierung und Notunterbringung ▪ Aufrechterhaltung KRITIS ▪ Zivile Alarmplanung (z. B. Lastabschaltungen, Verkehrslenkung, Versorgungsengpässe) ▪ Selbstschutzförderung der Bevölkerung
Zuständigkeiten – Bund	Gesamtverantwortung im Verteidigungsfall; Planung übergreifender Schutzmaßnahmen (z. B. Luftschutz, Sirenenförderung, Vorratswesen).
Zuständigkeiten – Länder	Durchführung Katastrophenschutz; Aufbau Landeswarnsysteme; Koordination mit Kommunen.

Tabelle 30: ***Zivilschutz – Fortsetzung***

Thema	Kernaussagen
Zuständigkeiten – Kommunen (operativ)	▪ Zivile Alarmplanung: Erstellung örtlicher Alarm-/Einsatzpläne ▪ Warnung der Bevölkerung: Sirenen, Lautsprecher, Aushänge, Notfallinfos ▪ Notunterbringung: Sammelstellen, Notquartiere, Verpflegung ▪ Notfallversorgung: Koordination Wasser, Wärme, Strom und Medikamente mit Versorgern ▪ Verwaltungsfähigkeit: Handlungsfähigkeit trotz IT-/Personalausfall sichern ▪ Selbstschutzkommunikation: Flyer, Verhaltenstipps, Notfallbroschüren

7.4.6 Praxis-Tipps kompakt: Zivilschutz – Zivile Verteidigung und zivile Alarmplanung

Ziel ist es, im Verteidigungs-/Spannungsfall und bei vergleichbaren Großschadenslagen die Handlungsfähigkeit der Verwaltung (SURF) zu sichern, die Bevölkerung zu schützen und zu versorgen, KRITIS stabil zu halten und die geordnete Evakuierung/Unterbringung zu gewährleisten.

Zeitnah

- Verantwortung klären: »Leitstelle Zivile Verteidigung« benennen (Leitung und Stellvertretung), Erreichbarkeit 24/7.
- Kontaktmatrix aktualisieren: Bund/Land (Innenministerium, BKK/BSI/CERT), Polizei/Feuerwehr/THW/Hilfsorganistionen, Netzbetreiber, Kliniken, ÖPNV, Schulen, Medien.
- Warnkette prüfen: Sirenenliste, Cell Broadcast-/NINA/KATWARN-Absender berechtigt, Lautsprecherfahrzeuge/Radio-Partner.
- Darksite bereit: Notfall-Landingpage (mehrsprachig, Piktogramme) und feste Update-Zeiten.
- Crown Jewels notieren: Welche Verwaltungsdienste müssen laufen? (Melde-/Zahlstellen, Wasser/Abwasser, IT-Fachanwendungen, Sozialleistungen).

- Zivile Alarmplanung (ZAP) planen: Auslösekriterien, Alarmierungswege, Führungsorganisation (Führungsstab/Verwaltungsstab), Schichtfähigkeit, Ausweichstandort.
- Evakuierung und Notunterbringung planen: Sammelstellen, Transport (ÖPNV/Busunternehmer), Notquartiere (Hallen/Schulen), Wärmeinseln, Tierregelungen, Namenserfassung.
- Versorgung priorisieren: KRITIS-Prioritätenlisten (Pflegeheime, Kliniken, Wasserwerke, Rechenzentren), Notstrom-/Treibstoffkonzept, Trinkwasser/Verpflegung/Medikamenten-Logistik.
- Dokumente vorhalten: Muster-Allgemeinverfügungen, Checklisten (Räumung, Sperrung, Verkehrslenkung), Pressebausteine.
- Selbstschutzkommunikation starten: »Was bedeutet Sirenenton X?«, »Packliste 72 h«, Verhaltensregeln bei Evakuierung/Blackout (Leichte Sprache, Top-5 Sprachen).

Im ersten Quartal

- SURF sicherstellen: Ausweicharbeitsplätze (Papierprozesse!), Notfall-IT, Multi-Faktor-Authentifizierung (MFA), Offline-Listen, Funk/Satellit, Post-/Zahlstellen-Resilienz.
- Material und Verträge sichern: Feldbetten/Decken, Sanitäreinheiten, Beleuchtung, Wassercontainer, Notstrom; Rahmenverträge (Catering, Busse, Sicherheit, Reinigung).
- MoUs schließen: Nachbarkommunen (Aufnahme/Unterstützung), Kliniken/Ärztekammer, Handel/Logistik, Dolmetschpools.
- Üben: Sirenenprobe und Tabletop »Evakuierung bei Strommangellage«, Medienbriefing.

Einsatz: erste 120 Minuten

- Lage und Rechtslage feststellen (ZSKG/IfSG/Landesrecht): Schwelle, Zuständigkeit, Anforderung Amtshilfe.
- Führungsstruktur aktivieren: Führungsstab/Verwaltungsstab, Stabsfunktionen besetzen, Protokoll/Doku starten.
- KRITIS stabilisieren: Notstrom, Wasser, Kommunikation, Pflegeheime – Soforttelefonate.
- Erstbotschaft (max. fünf Sätze): Was ist passiert?/Was gilt?/Was tun?/Wo Infos?/nächstes Update.
- Evakuierungsentscheidung vorbereiten: Zonen, Routen, Transport, Notunterkünfte, Registrierung.

- Verkehr lenken: Sperrungen, Rettungsgassen, ÖPNV-Umleitungen.
- Vulnerable Gruppen schützen: Pflegeheim-/Kita-/Schulabfrage, Medizinbedarf, Dolmetschbedarf.

Evakuierung und Notunterbringung – Kernelemente

- Check-In/Out und Registrierung (DSGVO-konform, Papierfallback).
- Basismodule: Schlafen, Sanitär, Verpflegung, Medizin/PSNV, Sicherheit, Kinder-/Haustierbereiche.
- Hausordnung und Infopoints (mehrsprachig, Piktogramme).
- Rückführung/Heimkehrplan inkl. Schadensfreigabe.

Warnen und Informieren

- Redundanz: Sirene + Cell Broadcast + Radio + Social + Aushänge + Lautsprecher.
- One Message Strategy: identische Kernbotschaften, mehrere Sprecher.
- Gerüchte-Ticker/Faktencheck gegen Desinformation, feste Update-Slots.

Zusammenarbeit und Recht

- Amtshilfe/Unterstützung: THW/Hilfsorganisationen/Bundeswehr (Unterstützung der zivilen Instanzen), klare Anforderungswege identifizieren.
- Rechtssicherheit: Verhältnismäßigkeit dokumentieren, Entscheidungen mit Begründung, Belege sichern.

Dokumentation und Lernen

- Einsatztagebuch strikt, Lagenotizen, Entscheidungen begründen.
- AAR nach 7/30 Tagen, Maßnahmen-Backlog mit Verantwortlichen/Fristen.

Merksätze

- Zivilschutz beginnt im Rathaus – vor der Krise.
- Warnen, versorgen, führen – in dieser Reihenfolge.
- Eine Botschaft, viele Kanäle – immer redundant.
- Papierprozesse retten den Tag, wenn IT ausfällt.
- Üben macht aus Plänen Fähigkeiten.

7.5 Verwaltung als Kritische Infrastruktur

7.5.1 Definition und gesetzliche Grundlage

Kritische Infrastrukturen (KRITIS) werden von den Bundesressorts wie folgt beschrieben:

Kritische Infrastrukturen sind Organisationen oder Einrichtungen mit wichtiger Bedeutung für das staatliche Gemeinwesen, bei deren Ausfall oder Beeinträchtigung nachhaltig wirkende Versorgungsengpässe, erhebliche Störungen der öffentlichen Sicherheit oder andere dramatische Folgen eintreten würden.

Die gesetzliche Grundlage bildet das BSI-Gesetz (BSIG). Darin werden sowohl die betroffenen Sektoren als auch die besonderen Pflichten für Betreiber Kritischer Infrastrukturen geregelt. Unternehmen und Einrichtungen, die als KRITIS eingestuft werden, unterliegen besonderen Anforderungen in den Bereichen IT-Sicherheit, Notfallvorsorge und organisatorische Resilienz.

Zu den im BSI-Gesetz definierten KRITIS-Sektoren zählen unter anderem: Energie, Ernährung, Finanz- und Versicherungswesen, Gesundheit, Informationstechnik und Telekommunikation, Abfallentsorgung, Transport und Verkehr sowie Wasser. Ergänzt wurden diese von der Bund-Länder-AG KRITIS durch weitere Branchen wie Medien und Kultur, Staat und Verwaltung sowie – nach aktuellem Regierungsentwurf des KRITIS-Dachgesetzes – die Weltrauminfrastruktur (Bodeninfrastruktur). ▶ Tabelle 31 zeigt einen Überblick über die einzelnen Sektoren und ihren Bezug zur Verwaltung.

Tabelle 31: ***KRITIS Sektoren – Bezug zur Verwaltung***

KRITIS-Sektor	Beispiele/Teilbereiche	Bezug zur Verwaltung
Energie	Elektrizität, Gas, Mineralöl, Fernwärme	Kommunale/regionale Energieversorger, staatliche Regulierungs- und Aufsichtsbehörden
Ernährung	Ernährungswirtschaft, Lebensmittelhandel	Lebensmittelüberwachung, Veterinärämter, Gesundheitsämter
Finanz- und Versicherungswesen	Banken, Börsen, Finanzdienstleister, Versicherungen	Finanzaufsichtsbehörden (z. B. BaFin), Vergabestellen, kommunale Kassen

Tabelle 31: ***KRITIS Sektoren – Bezug zur Verwaltung – Fortsetzung***

KRITIS-Sektor	Beispiele/Teilbereiche	Bezug zur Verwaltung
Gesundheit	Krankenhäuser, Labore, Arzneimittelversorgung, Impfzentren	Öffentliche Krankenhäuser, Gesundheitsämter, Pandemiebekämpfung
Informationstechnik und Telekommunikation	Telekommunikation, IT-Infrastruktur	Kommunale und staatliche Rechenzentren, IT-Dienstleister der Verwaltungen
Siedlungsabfallentsorgung	Abfallentsorgungsunternehmen	Kommunale Entsorgungsbetriebe bzw. Eigenbetriebe
Transport und Verkehr	Luftfahrt, Schiene, Straßen, Schifffahrt, Logistik	Verkehrsministerien, kommunale Verkehrsleitstellen, Bau- und Ordnungsämter
Wasser	Trinkwasserversorgung, Abwasserbeseitigung	Kommunale Wasserwerke, Abwasserbetriebe
Medien und Kultur (ergänzt durch AG KRITIS)	Rundfunk, Presse, Archive, Museen, Kulturerbestätten	Medienaufsicht, Kulturministerien, kommunale Kulturverwaltung
Staat und Verwaltung (AG KRITIS)	Parlamente, Regierungen, Justiz, Polizei, Katastrophenschutz	Kernbereich der öffentlichen Verwaltung: Sicherheit, Ordnung, Rechtsprechung, Krisenkoordination
Weltraum (Bodeninfrastruktur) (geplant)	Satellitensteuerung, Bodenstationen	Bundesministerien, Bundesnetzagentur, ggf. strategische Sicherheitsbehörden

7.5.2 Verwaltung als Teil der Kritischen Infrastrukturen

Die öffentliche Verwaltung gilt als besonders Kritische Infrastruktur, da sie Fundament und Garant staatlicher Handlungsfähigkeit ist. Störungen oder Ausfälle in diesem Bereich führen nicht nur zu Versorgungsengpässen, sondern gefährden unmittelbar die öffentliche Sicherheit und das Vertrauen der Bürgerinnen und Bürger in den Staat.

Dies betrifft nicht nur die Bundesverwaltung, sondern gleichermaßen Landes- und Kommunalverwaltungen. Besonders kritisch ist der Ausfall von Einrichtungen mit

Aufgaben in der Gefahrenabwehr, Verteidigung, Rechtsprechung sowie in der Sicherstellung der Grundversorgung und Ordnung.

Mit der europäischen NIS-2-Richtlinie sowie dem kommenden KRITIS-Dachgesetz werden zukünftig erstmals auch Teile der Bundesverwaltung verbindlich in die Sicherheits- und Resilienzpflichten integriert. Kommunale Verwaltungen sind bislang nur in Teilen erfasst – insbesondere dort, wo sie Versorgungsleistungen (z. B. Energie, Wasser, Abfallentsorgung, Rechenzentren) erbringen oder wo Schwellenwerte nach BSIG und KRITIS-Dachgesetz greifen.

7.5.3 Kritische Dienstleistungen in der Verwaltung

Kritische Dienstleistungen der Verwaltung lassen sich nach ihren Kernfunktionen differenzieren:

- Exekutive: Umsetzung von Verwaltung und Recht,
- Legislative: Gesetzgebung und parlamentarische Kontrolle,
- Judikative: Rechtsprechung und deren Vollzug,
- Gefahrenabwehr: Polizei, Katastrophenschutz, Rettungswesen,
- Koordination und Steuerung: Leitungsfunktionen in Krisenlagen.

Daraus ergeben sich typische KRITIS-Bereiche innerhalb der Verwaltung:

- Innen- und Sicherheitsbehörden, Katastrophenschutz, Polizei und Verfassungsschutz,
- Sozial- und Grundsicherungsbehörden (z. B. Jobcenter, Sozialämter, Jugend- und Familienämter),
- Gesundheitsverwaltung und öffentliche Kliniken, Impf- und Reha-Einrichtungen,
- Kommunale Versorgungs- und Infrastrukturbetriebe (Wasser, Abwasser, Energie, Abfall, IT),
- Bildungseinrichtungen,
- Rathäuser, Kreis- und Landesverwaltungen mit Notfall- und Koordinationsfunktionen,
- Einrichtungen zum Schutz besonders gefährdeter Gruppen (z. B. Flüchtlingsunterkünfte, Opferschutzeinrichtungen),
- Behörden zur Steuerung von Verkehrsinfrastrukturen (z. B. Bahnleitstellen, Verkehrssteuerung).

7.5.4 Outsourcing kommunaler Aufgaben und Verantwortungswahrung

Die Auslagerung kommunaler Aufgaben an externe Dienstleister (Outsourcing) kann zur Effizienzsteigerung, Kostenersparnis und Nutzung von Spezialwissen beitragen. Gleichwohl entbindet die Übertragung einzelner Leistungen die Kommune nicht von ihrer grundsätzlichen Verantwortung gegenüber Bürgerinnen und Bürgern. Auch bei ausgelagerten Aufgaben bleibt die Kommune rechtlich und politisch verpflichtet, die ordnungsgemäße Aufgabenerfüllung sicherzustellen. Dies bedeutet insbesondere:

- **Steuerungs- und Kontrollpflicht**: Die Kommune muss die Einhaltung rechtlicher Vorgaben, Qualitätsstandards und Leistungsvereinbarungen überwachen.
- **Verantwortungsrahmen**: Verantwortung kann organisatorisch delegiert, aber nicht vollständig abgegeben werden; die Kommune bleibt gegenüber der Öffentlichkeit und den Aufsichtsbehörden rechenschaftspflichtig.
- **Vertragliche Absicherung**: Durch klare Leistungsbeschreibungen, Indikatoren, Berichtspflichten und Sanktionsmechanismen im Vertrag ist sicherzustellen, dass die Aufgaben im Sinne des Gemeinwohls erfüllt werden.
- **Transparenz und Nachvollziehbarkeit**: Auch ausgelagerte Leistungen müssen für Bürgerinnen und Bürger transparent bleiben, um Vertrauen und demokratische Legitimation zu wahren.

Outsourcing ist damit kein Mittel zur Entlastung von Verantwortung, sondern erfordert im Gegenteil ein aktives Steuerungs- und Controllingverständnis der kommunalen Ebene.

7.5.5 Resilienz als zentrale Aufgabe

Die Erfahrungen der vergangenen Jahre haben verdeutlicht, wie verwundbar staatliche Einrichtungen sind. Die Covid-19-Pandemie, vermehrte Cyber-Angriffe – insbesondere durch Ransomware – sowie die sicherheitspolitischen Folgen des russischen Angriffskrieges gegen die Ukraine haben die Bedeutung einer resilienten Verwaltung in den Vordergrund gerückt.

Resilienz umfasst dabei weit mehr als Cyber-Sicherheit. Sie bedeutet:

- Bedrohungen vorbeugend vermeiden,

- akute Gefahren abwehren,
- deren Auswirkungen absorbieren und
- nach Ausfällen die Funktionsfähigkeit schnell wiederherstellen.

Ein Vergleich aus dem Boxsport verdeutlicht dies: Eine widerstandsfähige Verwaltung muss Angriffen ausweichen oder sie abfangen können, Schläge einstecken, ohne »zu Boden zu gehen« – oder, wenn sie doch fällt, schnell wieder kampffähig werden. Zentrale Leitfragen dabei sind:

1. Wie bleibt Verwaltung dauerhaft handlungsfähig?
   durch robuste Strukturen, redundante Ressourcen und klare Zuständigkeiten.
2. Welchen Beitrag leisten einzelne Bereiche?
   indem sie über ihre Kernaufgaben hinaus aktiv Prozesskontinuität für die Gesamtverwaltung sichern können.

RTO/RPO je Dienst
Die Begriffe RTO und RPO kommen aus dem Bereich Business Continuity und IT-Notfallmanagement.

RTO – Recovery Time Objective: Wie lange darf ein Dienst ausfallen, bis er wieder laufen muss? Das heißt, RTO gibt die maximal tolerierbare Ausfallzeit für einen Dienst oder eine Anwendung an.
Beispiel:

- Mailserver: RTO = vier Stunden (innerhalb von vier Stunden muss er wiederhergestellt sein).
- Produktionssystem: RTO = 30 Minuten.

RPO – Recovery Point Objective: Wie viele Daten darf man im schlimmsten Fall verlieren? Daraus lässt sich ableiten, wie alt die letzte wiederhergestellte Datensicherung sein darf.
Beispiel:

- RPO = 24 Stunden → es ist akzeptabel, die Daten vom Vortag wiederherzustellen.
- RPO = 15 Minuten → Back-ups oder Replikation müssen so engmaschig laufen, dass höchstens 15 Minuten an Daten verloren gehen.

»je Dienst« bedeutet: Für jeden einzelnen Dienst (Mail, VPN, Datenbank, Fachverfahren etc.) werden eigene RTO- und RPO-Werte definiert, da die Kritikalität unterschiedlich ist.

Tabelle 32: ***Recovery Point Objectives***

Dienst	RTO	RPO
E-Mail	acht Stunden	eine Stunde
ERP-System	zwei Stunden	15 Minuten
File-Server	24 Stunden	12 Stunden
Fachverfahren XY	eine Stunde	30 Minuten

Darüber hinaus sind Notbetriebsverfahren (Papier-Fallback), Ausweicharbeitsplätze und eine Notfallführungsstelle (»Rathaus-light«) zu definieren.

Aspekte zur Datensicherung

Folgende Maßnahmen stellen sicher, dass Back-ups nicht nur existieren, sondern auch angriffssicher und im Ernstfall nutzbar sind.

- **Offline-Back-up:** Datensicherung, die **physisch oder logisch vom Netzwerk getrennt** ist (z. B. auf Band, externem Datenträger) ist. Diese schützt vor Ransomware, da Schadsoftware nicht darauf zugreifen kann.
- **Immutable-Back-up**: Back-up, das nach der Erstellung **nicht mehr verändert oder gelöscht** werden kann (z. B. »Write Once Read Many« – WORM-Speicher). Dies verhindert eine Manipulation oder Verschlüsselung durch Angreifer.
- **Restore-Test** protokolliert: Ein regelmäßiger Test, ob sich Daten aus dem Back-up tatsächlich erfolgreich wiederherstellen lassen, und die schriftliche Dokumentation des Ablaufs/Ergebnisses, um im Ernstfall die Verlässlichkeit der Datensicherung zu beweisen.

Fazit

Die Resilienz von Verwaltungen ist keine Option, sondern eine Notwendigkeit. Sie ist außerdem kein Zustand, sondern ein dynamischer Prozess ständiger Anpassung an neue Bedrohungen. Prävention ist dabei effizienter und kostengünstiger als reine Reaktion.

Für die deutsche Verwaltung – insbesondere auf kommunaler Ebene – gilt: Resilienz muss Schritt für Schritt aufgebaut werden. Ein kombiniertes Sicherheits- und

Krisenmanagementsystem nach den Vorgaben des BSIG ist dabei ein sinnvoller Ausgangspunkt.

Ziel ist es, die dauerhafte Handlungsfähigkeit der Verwaltung sicherzustellen und das Vertrauen in den Staat – als Fundament der inneren Sicherheit – zu schützen.

7.5.6 Infobox: Verwaltung als Kritische Infrastruktur

Tabelle 33: ***Verwaltung als Kritische Infrastruktur***

Thema	**Kernaussagen**
Definition und Rechtsgrundlage	KRITIS: Einrichtungen, deren Ausfall zu nachhaltigen Versorgungsengpässen bzw. Sicherheitsstörungen führt. BSI-Gesetz (BSIG) regelt Sektoren und Pflichten (IT-Sicherheit, Notfallvorsorge, organisatorische Resilienz). Sektoren u. a.: Energie, Ernährung, Finanz/Versicherung, Gesundheit, ITK, Abfall, Verkehr, Wasser; ergänzt (AG KRITIS): Medien und Kultur, Staat und Verwaltung; geplant: Weltraum-Bodeninfrastruktur.
Verwaltung als KRITIS	Verwaltung = Fundament staatlicher Handlungsfähigkeit → Ausfälle gefährden Sicherheit und Vertrauen. Betroffen: Bund, Länder, Kommunen (bes. Gefahrenabwehr, Recht, Grundversorgung). NIS-2 und künftiges KRITIS-DachG: erweitern Sicherheits-/Resilienzpflichten (erstmals teils Bundesverwaltung; Kommunen insbesondere bei Versorgungsleistungen/Rechenzentren oder Schwellenwerten).
KRITIS-Sektoren – Verwaltungsbezug (Kurzüberblick)	▪ Energie (Kommunalversorger, Aufsicht) ▪ Ernährung (Lebensmittelüberwachung, Veterinärämter) ▪ Finanzen/Versicherungen (BaFin, Vergabe, Kassen) ▪ Gesundheit (Gesundheitsämter, Kliniken) ▪ ITK (Verwaltungs-RZ, IT-DL) ▪ Abfall (kommunale Betriebe) ▪ Verkehr (Leitstellen, Bau/Ordnungsämter) ▪ Wasser (Wasser/Abwasser) ▪ Medien/Kultur (Aufsicht, Kulturverwaltung) ▪ Staat und Verwaltung (Parlamente, Regierungen, Justiz, KatS), ▪ Weltraum (Bundesbehörden).

Tabelle 33: ***Verwaltung als Kritische Infrastruktur – Fortsetzung***

Thema	Kernaussagen
Kritische Verwaltungs-Dienstleistungen	Kernfunktionen: Exekutive, Legislative, Judikative, Gefahrenabwehr, Koordination/Steuerung. Typische Bereiche: Innen-/Sicherheitsbehörden, Katastrophenschutz/Polizei, Sozial- und Grundsicherung, Gesundheitsverwaltung/Kliniken, kommunale Versorger (Wasser/Energie/Abfall/IT), Bildung, Rathäuser/Kreise (Notfallkoordination), Schutz besonders gefährdeter Gruppen, Verkehrssteuerung.
Outsourcing und Verantwortung	Auslagerung möglich, Verantwortung bleibt bei der Kommune: Steuerung/Kontrolle, klare Vertragsauflagen (Leistungen, KPIs, Berichte, Sanktionen), Transparenz ggü. Öffentlichkeit/Aufsicht. Outsourcing = kein Verantwortungsabbau, sondern aktives Controlling.
Resilienz als Daueraufgabe	Mehr als Cyber-Security: vermeiden – abwehren – absorbieren – wiederherstellen. Praktisch: robuste Strukturen, Redundanzen, klare Zuständigkeiten, Notbetriebs- und Wiederanlaufpläne, Übungen. Leitfragen: 1. Wie bleibt die Verwaltung dauerhaft handlungsfähig? 2. Welchen Beitrag leisten Teilbereiche zur Prozesskontinuität?
Fazit	Resilienz der Verwaltung ist notwendig und dynamisch. Prävention ist effizienter als reine Reaktion. Sinnvoller Start: kombiniertes Sicherheits- und Krisenmanagement nach BSIG-Vorgaben; Ziel: Handlungsfähigkeit sichern und Vertrauen in den Staat stärken.

7.5.7 Praxis-Tipps kompakt: Verwaltung als Kritische Infrastruktur

Ziel ist eine Verwaltung, die dauerhaft handlungsfähig bleibt: kritische Dienste laufen, Entscheidungen sind rechts- und IT-sicher, die Bevölkerung wird gewarnt/versorgt, KRITIS-Abhängigkeiten sind beherrscht. (Die dargestellten Praxis-Tipps sprechen für sich; sie richten sich an Experten und gehen teilweise über die Inhalte des aktuellen Kapitels hinaus.)

Zeitnah

- Crown Services listen: Melde-/Zahlstellen, Sozialleistungen, Leit-/Einsatzunterstützung, Wasser/Abwasser, IT-Fachanwendungen, Rechenzentrum/Netz, Kommunikation.
- Verantwortung fixieren: KRITIS-/ISMS-Verantwortlicher (CISO) und Stellvertreter, 24/7-Erreichbarkeit.
- Kontaktmatrix aktualisieren: Netz-/Wasser-/Abfall-/IT-Provider, Kliniken/Pflege, Polizei/Feuerwehr/THW, Landesinnenministerium/BSI/CERT, Medien.
- Warn-/Info-Redundanz prüfen: Sirenen, Cell Broadcast, lokale Radio-Partner, Lautsprecher, Aushängepunkte, Darksite (Störfallseite).
- Notfallkommunikation offline: Analoge Nummern/Fax/Funk, Sammelpunkte, »Schwarzes Brett« je Rathausstandort.
- KRITIS-Lagebild und Abhängigkeiten: Strom/IT/Telekom/Personal/Lieferkette kartieren; Single Points of Failure markieren.
- BCM starten: RTO/RPO je Dienst, Notbetriebsverfahren (Papier-Fallback), Ausweicharbeitsplätze, Notfallführungsstelle (»Rathaus-light«).
- Prioritätenlisten: Pflegeheime/Kliniken/Wasserwerke/Rechenzentren für Notstrom/Betankung/Polizeischutz.
- Rahmenverträge: Notstrom/Betankung, Generatoren, Miete Hardware, Busse/Logistik, Catering, Sicherheit, Reinigung.

Im ersten Quartal

- Übung »Blackout-Tag« und IT-Störfall: Tabletop und Live-Drill mit Darksite, Pressebriefing, manuellen Prozessen.
- Back-ups und Wiederanlauf testen: 3-2-1-Regel, Offline-/Immutable-Back-up, Restore-Test protokolliert.
- Technische Resilienz: Netzwerk-Segmentierung, Least Privilege (Berechtigungen nur für die gestellten Aufgaben), Admin-Tiers (Admin-Rechte nur in klar getrennten Sicherheitszonen), EDR/AV (Endpoint Detection and Response bzw. Antivirus Lösungen), zentraler Syslog (Sammlung von Log-Daten an einer manipulationssicheren Stelle), USV/Notstrom für Leit-IT.
- Gebäudeseitige Vorsorge: Notbeleuchtung, Zutrittskontrolle, mobile Sanitär-/Heizmodule, Wärmeinseln.
- Personalresilienz: Schichtpläne, Ersatzfunktionen, psychosoziale Unterstützung (PSNV-E), Kinderbetreuung im Krisenbetrieb.

Betrieb – Minimal-Baseline (KRITIS)

- Identitäten und Zugänge: Multi-Faktor-Authentifizierung (MFA), starke Passwörter/Passkeys, regelmäßige Rezertifizierung von Rechten.
- Patch-/Asset-Management: vollständiges Inventar (HW/SW/SaaS), kritische Patches ≤ 14 Tage, High/Zero-Day nach Sonderprozess.
- Monitoring und Detektion: SIEM/SOAR oder zentrales Logging; Alarme mit Bereitschaft.
- Segmentierte Netze: KRITIS-Zonen (Betrieb/OT, Fachverfahren, Office, Gast), strikte Firewalls.
- Dokumentation: Einsatztagebuch/Change-/Incident-Tickets, Entscheidungsbegründung (Verhältnismäßigkeit).

Outsourcing und Verträge

- Steuern statt abgeben: Verantwortung bleibt kommunal. **KPI (Key Performance Indicator)**/SLA (Service Level Agreement), Audit- und Pen-Test-Rechte – Beide Rechte sind wesentliche Governance- und Sicherheitsinstrumente, müssen formal freigegeben sein, Meldepflichten (24/7).
  Also:
  KPIs/SLAs = messen und vereinbaren, wie gut ein Service läuft. (**Audit-Rechte** = nachprüfen dürfen, ob alles stimmt; **Pen-Test-Rechte** = aktiv testen dürfen, ob Sicherheitslücken bestehen).
- Lieferkette absichern: Nachweise zu NIS-2/BSI-Standards, Notfall-Eskalation, »Exit-Plan« (Datenrückholung, Know-how).
- Sicherheitsanhang: Verschlüsselung, Log-Zugriff, Patching-Fristen, Personalüberprüfungen, Standort/Datentransfers.

Kommunikation und Öffentlichkeit

- One Message Strategy: eine Kernbotschaft, mehrere Sprecher; feste Update-Zeiten.
- Mehrsprachig und barrierefrei: leichte Sprache, Top-5-Sprachen, Piktogramme, Gebärdensprache bei Streams.
- Faktencheck-Rubrik: Gerüchte-Ticker, »Was stimmt/was nicht«, Meldemaske für Hinweise.

Metriken und Nachhalten

- Kernkennzahlen: RTO/RPO je Dienst, Patch-Alter (die Zeitspanne seit dem letzten eingespielten Update (Patch) eines Systems), Back-up-Erfolgsquote, Mean-Time-to-Detect/Recover (durchschnittliche Zeit, die vergeht, dass

ein Sicherheitsvorfall erkannt wird (Detect) bzw. der Normalbetrieb wieder hergestellt ist (Recover)), Übungsquote.
- AAR-Zyklus: After-Action-Report (7/30 Tage), Maßnahmenlog mit Owner/Termin; Vorstandslage alle sechs Wochen bis Close-out.

Merksätze
- Verwaltung ist KRITIS – Ausfall ist kein Szenario, sondern ein Risiko.
- Papierprozesse sichern Handlungsfähigkeit, wenn die IT wankt.
- Eine Botschaft, viele Kanäle – immer redundant.
- Outsourcing delegiert Aufgaben, nicht Verantwortung.
- Üben, messen, nachsteuern – Resilienz ist ein Prozess, kein Projekt.

7.6 Einsatz von KI im Bevölkerungsschutz

Die moderne Krisenvorsorge und -bewältigung steht vor einem tiefgreifenden Wandel. Neue technologische Entwicklungen eröffnen der Verwaltung völlig neue Möglichkeiten, Krisen schneller zu erkennen, präziser zu analysieren und wirksamer zu managen. Besonders die Fortschritte im Bereich der Künstlichen Intelligenz (KI), Datenanalyse, Sensorik und Simulationstechnologien machen es möglich, Szenarien zu antizipieren, Risiken frühzeitig zu erkennen und fundierte Entscheidungen unter hohem Zeitdruck zu treffen.

Der gezielte Einsatz dieser Technologien kann nicht nur die Effizienz, sondern auch die Resilienz von Verwaltungen erhöhen. Voraussetzung dafür ist jedoch ein grundlegendes Verständnis der Möglichkeiten und Grenzen neuer digitaler Werkzeuge, sowie die Bereitschaft zur organisatorischen und kulturellen Transformation.

7.6.1 Beispiele für den Einsatz neuer Technologien

7.6.1.1 Künstliche Intelligenz (KI) in der Krisenfrüherkennung

KI-Systeme können große Mengen an Daten aus verschiedenen Quellen (Social Media, Wetterdaten, Sensoren, Verkehrsströme) in Echtzeit analysieren. Dadurch lassen sich Anomalien frühzeitig identifizieren – z. B. ungewöhnliche Bewegungen in der Bevölkerung, Stimmungsumschwünge in sozialen Netzwerken oder Häufungen von medizinischen Notrufen.

Künstliche Intelligenz kann aus einer Vielzahl an strukturierten und unstrukturierten Datenquellen in Echtzeit Informationen extrahieren und Muster erkennen, die für menschliche Analysten oft verborgen bleiben. In der Krisenprävention kann dies den entscheidenden Zeitvorteil bringen: etwa, wenn Social Media-Plattformen Hinweise auf sich anbahnende Unruhen liefern oder meteorologische Sensordaten auf eine ungewöhnliche Wetterlage hindeuten. KI-Systeme lernen mit jeder Krise dazu – durch maschinelles Lernen werden die Modelle kontinuierlich fachspezifisch optimiert. Besonders spannend sind hier hybride Anwendungen, in denen menschliche Erfahrung mit maschineller Analyse verknüpft werden: etwa bei der Interpretation von KI-Hinweisen durch Lagezentren. Auch Fake News-Detektion, automatisierte Lagedarstellungen und Priorisierung eingehender Meldungen zählen zu den realistischen Einsatzfeldern.

7.6.1.2 Digitale Zwillinge für Krisensimulation

Ein digitaler Zwilling ist ein virtuelles Abbild realer Systeme, mit dem sich in Krisen Szenarien wie Evakuierungen, Schadstoffausbreitung oder Stromausfälle simulieren lassen.

Digitale Zwillinge – virtuelle Abbilder von Städten, Infrastrukturen oder Gebäuden – können zur Vorbereitung, Planung und Simulation von Krisenszenarien genutzt werden. Mithilfe dieser Modelle lässt sich beispielsweise analysieren, wie sich ein Hochwasser in einem bestimmten Stadtgebiet ausbreiten würde oder wie Evakuierungsrouten optimiert werden könnten. Digitale Zwillinge werden dynamisch aus realen Sensordaten gespeist und erlauben eine interaktive Simulation: Was passiert, wenn Straße A gesperrt ist? Wie wirkt sich ein Stromausfall auf die Kommunikationsinfrastruktur aus? Verwaltungen können so nicht nur »Was-wäre-wenn?«-Szenarien durchspielen, sondern auch in Echtzeit auf Entwicklungen reagieren. In Zukunft könnten digitale Zwillinge ganzer Verwaltungsorganisationen helfen, Notfallprozesse digital zu testen und zu optimieren.

7.6.1.3 Automatisierte Entscheidungsunterstützung

KI-gestützte Tools können Entscheidungsträgern auf Basis vordefinierter Szenarien konkrete Handlungsempfehlungen geben. Beispielsweise bei der Ressourcenverteilung (Rettungskräfte, Material, Transport) oder bei der Priorisierung von Maßnahmen zur Schadensbegrenzung.

In Krisen ist Zeit oft der limitierende Faktor. KI-gestützte Entscheidungsunterstützungssysteme können auf Basis historischer Daten, geographischer Lageinformationen, Wetterdaten und laufender Kommunikation in kürzester Zeit Handlungsempfehlungen ableiten – etwa bei der Priorisierung von Einsatzorten, beim Versenden von Warnmeldungen oder bei der Verteilung von Notfallmaterial. Diese Systeme können auch Szenarienrechnungen durchführen: Wenn nur 30 % der Ressourcen zur Verfügung stehen, wie werden sie am effizientesten eingesetzt? Dabei soll die KI keine Entscheidungen ersetzen, sondern die Verantwortlichen entlasten und fundierte Optionen aufzeigen – insbesondere in Situationen mit hohem Entscheidungsdruck.

7.6.1.4 Robotik und Drohneneinsatz

Roboter und Drohnen können in unzugänglichen oder gefährlichen Zonen eingesetzt werden, etwa zur Lageerkundung nach Erdbeben oder zur Suche nach Vermissten in einsturzgefährdeten Gebäuden. Sie liefern hochauflösende Bilder und ermöglichen eine sichere Ersteinschätzung der Lage.

Robotik und Drohnentechnologie haben sich in den letzten Jahren enorm weiterentwickelt und eröffnen neue Einsatzmöglichkeiten in Katastrophen- und Gefahrenlagen. Drohnen können überflutete Gebiete kartieren, in Echtzeit Wärmebilder liefern oder die Kommunikation in Funklöchern überbrücken. Roboter hingegen kommen beispielsweise bei der Suche in eingestürzten Gebäuden zum Einsatz, wo für Menschen Lebensgefahr besteht. Auch das Ausbringen von Messsensoren in kontaminierten Bereichen oder das automatisierte Ausrollen von temporären Kommunikationsnetzen zählen zu möglichen Aufgaben. Perspektivisch denkbar ist ein integriertes System aus Bodenrobotern, Drohnen und zentraler KI-Steuerung, das im Ernstfall innerhalb weniger Minuten eine autonome Erstlageaufnahme vornimmt.

7.6.1.5 Intelligente Frühwarnsysteme

Mit KI ausgestattete Sensornetzwerke, z. B. in Hochwassergebieten, können Schwellenwerte dynamisch berechnen und Warnungen in Echtzeit ausgeben. Solche Systeme sind selbstlernend und passen sich laufend neuen Datenlagen an.

Frühwarnsysteme werden durch den Einsatz von KI immer präziser und dynamischer. Klassische Systeme arbeiten mit festen Schwellenwerten (z. B. Pegelstände, Windgeschwindigkeiten), KI-basierte Frühwarnsysteme dagegen lernen aus vergangenen Ereignissen und passen die Risikobewertungen kontinuierlich an. In Überschwemmungsgebieten etwa kombinieren sie aktuelle Wetterdaten mit Bodenfeuchte, Topografie und historischen Schadensmustern, um Warnstufen gezielt auszugeben – nicht pauschal, sondern lokal differenziert. Hier sind sicherlich noch Entwicklungen nötig, um alle hierzu wichtigen Daten verfügbar zu machen. Zudem lassen sich solche Systeme mit Kommunikationstechnologien koppeln, sodass die Bevölkerung automatisiert via App, SMS oder Social Media gewarnt werden kann.

7.6.1.6 Blockchain-Technologie für manipulationssichere Kommunikation

In besonders kritischen Infrastrukturen – etwa bei der Koordination mehrerer Behörden oder in der Einsatzkommunikation – kann Blockchain-Technologie helfen, Informationen fälschungssicher und nachvollziehbar zu übermitteln.

In Krisenlagen ist Vertrauen in Informationen entscheidend. Die Blockchain-Technologie bietet eine fälschungssichere, transparente Möglichkeit zur Speicherung und Übermittlung von Daten. Insbesondere bei der Koordination mehrerer Behörden oder der Absicherung kritischer Informationen – etwa bei Warnungen, Einsatzplänen oder Ressourcenlisten – kann die Blockchain helfen, Integrität und Authentizität zu garantieren. Jede Änderung an den Daten wird dokumentiert, jede Aktion ist nachvollziehbar. Als eine weitere Funktion wäre die dezentrale Verwaltung von Spenden oder Hilfsgütern über Blockchain-Systeme zur Sicherstellung von Transparenz und Vertrauen in der Bevölkerung denkbar.

7.6.1.7 Natural Language Processing (NLP) zur Informationsverdichtung

KI-gestützte Sprachverarbeitung kann Lageberichte automatisch zusammenfassen, relevante Informationen aus Fließtexten extrahieren und an Entscheidungsträger in kompakter Form weitergeben – eine große Hilfe in dynamischen Lagen mit hohem Informationsaufkommen.

Hinweis:

Überprüfung unbedingt durchführen (▶ Kapitel 7.6.2).

Bei größeren Krisen entsteht eine riesige Menge an Informationen: Einsatzberichte, Lageeinschätzungen, Medienbeiträge oder Bürgeranfragen. KI-gestützte Sprachverarbeitung kann helfen, diese Informationsflut zu strukturieren und handhabbar zu machen. So lassen sich etwa automatisch Zusammenfassungen von Lageberichten generieren, Schlüsselbegriffe extrahieren oder relevante Abschnitte für Entscheidungsträger hervorheben. Auch die automatische Übersetzung von Einsatzinformationen in mehrere Sprachen – etwa bei interkulturellen Krisen oder internationalen Lagen – ist ein realistisches Einsatzfeld. Darüber hinaus ermöglichen Chatbots, die auf NLP basieren, eine schnelle und rund um die Uhr verfügbare Bürgerkommunikation – etwa für Verhaltenshinweise, Lageupdates oder Anfragen nach Hilfsangeboten.

Ein mögliches Einsatzfeld sind die Leitstellen von Feuerwehr und Rettungsdiensten. Natural Language Processing (NLP) kann in Leitstellen von Feuerwehr und Rettungsdiensten sehr nützlich sein, weil es hilft, gesprochene oder geschriebene Sprache automatisch zu erfassen, zu verstehen und weiterzuverarbeiten – und damit Zeit spart, Fehler reduziert und die Einsatzkoordination verbessert.

1. Schnellere Erfassung von Notrufen
   - Automatische Transkription von Anrufen (Speech-to-Text),
   - Relevante Informationen (Adresse, Art des Vorfalls, Verletzungen) werden direkt extrahiert.
2. Unterstützung der Disponenten
   - NLP kann Stichworte erkennen und passende Einsatzstichworte oder -kategorien vorschlagen.
   - Hilft, standardisierte Protokolle schneller einzuhalten.
3. Sprachbarrieren überwinden
   - Echtzeit-Übersetzung bei Notrufen in Fremdsprachen,
   - Mehr Inklusion für Menschen mit Sprach- oder Hörbehinderungen.
4. Automatisierte Dokumentation
   - Gesprächsprotokolle und Einsatzberichte können automatisch erstellt werden.
   - Entlastet die Leitstelle und reduziert Fehler.
5. Lagebewertung und Mustererkennung
   - Analyse vieler Anrufe in kurzer Zeit (z. B. bei Katastrophen, wenn viele ähnliche Meldungen eingehen),

   - Erkennen von Trends: »Viele Anrufer melden Rauch in derselben Gegend.«
6. Entscheidungsunterstützung in Echtzeit
   - NLP-Systeme können im Hintergrund Datenbanken durchsuchen (z. B. Hydrantenpläne, Gefahrstoffdatenbanken) und automatisch relevante Infos bereitstellen.

7.6.2 Risiken beim Einsatz neuer Technologien in der Krisenbewältigung

7.6.2.1 Künstliche Intelligenz (KI) in der Krisenfrüherkennung

Risiken

- **Fehlalarme und blinde Flecken:** KI-Modelle sind nur so gut wie die Daten, mit denen sie trainiert wurden. In Krisen kann dies zu falschen Warnungen oder zum Übersehen relevanter Signale führen.
- **Blackbox-Charakter:** »Entscheidungen« der KI sind oft nicht nachvollziehbar, was Vertrauen und Akzeptanz unter Entscheidungsträgern mindern kann.
- **Bias und Diskriminierung:** Wenn Trainingsdaten systematisch verzerrt sind, kann die KI z. B. bestimmte Regionen oder Gruppen bevorzugt oder benachteiligt analysieren.
- **Abhängigkeit von externen Anbietern:** Viele KI-Lösungen basieren auf Cloud-Diensten internationaler Konzerne – das kann in geopolitisch sensiblen Lagen problematisch sein.
- **Zukünftig:** Autonome KI-Entscheidungen ohne menschliche Kontrollinstanz könnten Fehlsteuerungen im Krisenfall massiv verschärfen.

7.6.2.2 Digitale Zwillinge für Krisensimulation

Risiken

- **Modellunsicherheit:** Ein digitaler Zwilling ist nur so exakt wie die Datenlage. Unvollständige oder veraltete Daten führen zu fehlerhaften Simulationsergebnissen.

- **Komplexität:** Die Erstellung und Pflege digitaler Zwillinge ist technisch und organisatorisch anspruchsvoll. Ohne kontinuierliche Aktualisierung verliert das Modell schnell an Aussagekraft.
- **Manipulationsgefahr:** Wenn ein digitaler Zwilling kompromittiert oder falsch konfiguriert wird, können daraus falsche Planungen und gefährliche Fehleinschätzungen resultieren.
- **Zukünftig:** Bei automatisierten »Entscheidungen« auf Basis von Zwilling-Simulationen besteht die Gefahr, dass reale Gegebenheiten übersehen werden – insbesondere in chaotischen Lagen mit unvorhersehbaren Variablen.

7.6.2.3 Automatisierte »Entscheidungsunterstützung«

Risiken

- **Übervertrauen:** Menschen neigen dazu, Empfehlungen automatisierter Systeme ungeprüft zu übernehmen, selbst wenn sie zweifelhaft sind (»Automation Bias«).
- **Datenabhängigkeit:** Entscheidungen basieren auf Echtzeitdaten – diese können fehlerhaft, manipuliert oder verzögert eintreffen, was zu falschen Vorschlägen führt.
- **Haftungsfragen:** Wer trägt die Verantwortung für Entscheidungen, die auf KI-Vorschlägen basieren, wenn diese zu Schäden führen?
- **Zukünftig:** Eine vollautomatisierte Krisensteuerung ohne menschliche Kontrolle kann zur Entmündigung von Führungskräften führen und dynamisches Denken verdrängen.

7.6.2.4 Robotik und Drohneneinsatz

Risiken

- **Technikausfall:** In kritischen Momenten (z. B. bei Hitze, Nässe, Funkstörungen) können Drohnen und Roboter ausfallen oder unkontrollierbar werden.
- **Cyber-Angriffe:** Drohnen und Roboter sind potenzielle Ziele für Hackerangriffe – mit potenziell katastrophalen Folgen, wenn sie umprogrammiert oder gestört werden.

- **Regulatorische Hürden:** Der Einsatz in städtischen Gebieten unterliegt strengen Auflagen (Flugverbotszonen, Datenschutz).
- **Zukünftig:** Autonome Systeme mit »Entscheidungsbefugnis« vor Ort (z. B. bei Zugangskontrollen oder Ressourcenverteilung) könnten ethische und sicherheitstechnische Risiken bergen.

7.6.2.5 Intelligente Frühwarnsysteme

Risiken

- **Falsche Warnung = Vertrauensverlust:** Wenn ein System zu oft falschen Alarm schlägt oder eine Gefahr übergeht, verlieren Bürger und Behörden das Vertrauen – mit fatalen Folgen im Ernstfall.
- **Technologische Abhängigkeit:** Bei Strom- oder Netzausfällen kann das System ausfallen, wenn keine analoge Back-up-Struktur vorhanden ist.
- **Benachteiligung vulnerabler Gruppen:** Nicht jeder hat Zugriff auf digitale Endgeräte oder versteht Warnsysteme (z. B. sprachliche Barrieren, ältere Menschen).
- **Zukünftig:** Vollautomatische Warnsysteme ohne menschliche Prüfung könnten soziale Unruhen auslösen, etwa bei Fehldeutungen von Bewegungsdaten oder Wettersignalen.

7.6.2.6 Blockchain-Technologie für manipulationssichere Kommunikation

Risiken

- **Technische Komplexität:** Die Einrichtung und Nutzung von Blockchain ist komplex – ohne entsprechendes Know-how kann sie zu neuen Fehlerquellen führen.
- **Skalierungsprobleme:** Je mehr Transaktionen in kurzer Zeit verarbeitet werden müssen, desto größer die Gefahr von Verzögerungen.
- **Unveränderbarkeit als Problem:** Einmal gespeicherte fehlerhafte Informationen lassen sich nicht mehr korrigieren – das kann in dynamischen Lagen kritisch sein.

- **Zukünftig:** Wenn Behörden vollständig auf Blockchain setzen, könnte ein globales Blockchain-Versagen (z. B. durch Quantencomputer-Angriffe) weitreichende Folgen haben.

7.6.2.7 Natural Language Processing (NLP) zur Informationsverdichtung

Risiken

- **Missverständnisse und Fehlinterpretationen:** Automatisch erstellte Zusammenfassungen können Nuancen, Kontext oder Ironie falsch interpretieren – besonders kritisch bei sicherheitsrelevanten Informationen.
- **Sprachliche Verzerrung:** Minderheitensprachen, Dialekte oder Fachjargon werden von NLP-Systemen oft nicht korrekt verstanden oder übersetzt.
- **Verletzung der Privatsphäre:** Bei automatischer Verarbeitung von Textdaten können sensible Inhalte ungewollt offengelegt oder falsch klassifiziert werden.
- **Zukünftig:** Obwohl KI-gestützte Kommunikation in Krisen erhebliche Effizienzgewinne bringen kann, birgt sie zugleich das Risiko, dass automatisiert erzeugte Inhalte künftig kaum noch von menschlicher Kommunikation zu unterscheiden sind – ein Szenario, das Desinformation und Deep-Fake-Täuschungen begünstigen kann und damit selbst zur Krise beiträgt. Dieser Hinweis ist wichtig, doch sollte er nicht den Blick darauf verstellen, dass KI im Krisenmanagement auch erhebliche Vorteile bietet: Durch automatisierte Voranalysen, schnelle Textgenerierung und skalierbare Informationsverarbeitung können Zeit gewonnen, Engpässe im Personal abgefedert und Ressourcen zielgerichteter eingesetzt werden. Entscheidend ist daher nicht ein Entweder-oder, sondern ein verantwortungsvoller Einsatz, der Risiken adressiert, ohne den potenziellen Nutzen preiszugeben.

7.6.3 Infobox: Potenziale und Risiken beim Einsatz neuer Technologien

Tabelle 34: ***Neue Technologien***

Potenziale	Risiken
Schnellere und fundiertere Entscheidungsfindung	Abhängigkeit von Technologie und Datenverfügbarkeit
Frühzeitige Risikoerkennung	Fehlerhafte Datenbasis → falsche Entscheidungen
Realistische Simulation und Szenarienplanung	Datenschutz- und ethische Fragen (z. B. bei KI-Einsatz)
Entlastung menschlicher Ressourcen	Komplexität und Kosten bei der Einführung

7.6.4 Praxis-Tipps kompakt: Einführung neuer Technologien

1. Klein anfangen, gezielt skalieren: Beginne mit Pilotprojekten in überschaubaren Bereichen. So lassen sich Erfahrungen sammeln, ohne große Risiken einzugehen.
2. Technologie mit Prozessen verzahnen: Neue Tools müssen sinnvoll in bestehende Strukturen und Abläufe integriert werden – Technologie ist kein Selbstzweck.
3. Interdisziplinäre Teams bilden: Fachliches und technisches Know-how müssen Hand in Hand gehen – stelle gemischte Teams aus IT, Verwaltung und Krisenmanagement zusammen.
4. Schulungen und Akzeptanz schaffen: Technik allein nützt wenig, wenn Mitarbeitende sie nicht verstehen oder ablehnen. Frühzeitige Einbindung und regelmäßige Schulungen sind entscheidend.
5. Kooperation mit Start-ups und Forschungseinrichtungen: Oft entstehen innovative Lösungen außerhalb der Verwaltung. Nutze diese Impulse durch Kooperationen.
6. Rechtliche Rahmenbedingungen prüfen: Kläre frühzeitig Fragen zu Datenschutz, IT-Sicherheit und Verantwortlichkeiten.

Schlusswort: Krisen managen heißt Verantwortung leben

Krisen sind der Prüfstein jeder Gemeinschaft. Sie treffen unsere Kommunen auf unterschiedlichste Weise – mit Wucht oder in leisen Wellen, unerwartet oder schleichend heraufziehend, lokal begrenzt oder das ganze Gebiet erfassend. In ihrem Kommen offenbaren sie ungeschönt die Stärke unserer Strukturen – und ihre Schwächen. Sie stellen Prozesse, Zuständigkeiten, Kommunikation und vor allem die handelnden Menschen auf die Probe.

Dieses Lehrbuch ist der Versuch, mehr zu tun als nur Wissen zu vermitteln. Es sollte Orientierung geben, Mut machen und konkrete Werkzeuge an die Hand legen, um Landkreise und kreisfreie Städte auf den Ernstfall vorzubereiten – und durch ihn hindurchzuführen.

Im folgenden Schlusswort blicken wir zurück auf die wesentlichen Erkenntnisse, stellen Verbindungen her zwischen Theorie und Praxis und richten den Blick nach vorn: auf das, was noch kommt, und auf das, was es braucht. Denn wer Krisen managen will, muss Verantwortung tragen und gestalten.

Von den Grundlagen bis zur Spezialisierung – ein systematischer Aufbau: Im Zentrum dieses Lehrwerks stand nicht die Katastrophe selbst, sondern das systematische Denken und Handeln, das erforderlich ist, um solchen Lagen wirksam zu begegnen. Kapitel für Kapitel haben wir einen Weg gezeichnet, wie kommunale Verwaltungen sich vorbereiten, reagieren, kommunizieren und lernen können.

Kapitel 1: Grundlagen des Krisenmanagements

Hier wurde das Fundament gelegt: Was ist eigentlich eine Krise? Wie unterscheiden sich Notfälle von komplexen Krisenlagen? Welche rechtlichen Rahmenbedingungen (Grundgesetz, Katastrophenschutzrecht, IfSG) gelten – und welche Rolle spielt dabei die kommunale Selbstverwaltung?

Krisenmanagement beginnt mit dem Verständnis der Systeme, in denen Verwaltungen operieren – aber auch mit dem Bewusstsein, dass Normen allein nicht schützen, sondern in funktionierende Strukturen und motiviertes Handeln übersetzt werden müssen.

Kapitel 2: Prävention und Vorbereitung

Die beste Krise ist die, die gar nicht eintritt – oder zumindest gut vorbereitet ist. Dieses Kapitel stellte Instrumente wie Risikomanagement, Gefährdungsanalysen und insbesondere Notfall- und Krisenpläne vor. Planung ersetzt nicht den Zufall, aber sie ersetzt das Chaos.

Besonders betont wurde: Krisenpläne müssen »lebendige Dokumente« sein! Sie müssen regelmäßig aktualisiert, geübt und verstanden werden. Nur so entsteht die Resilienz, die im Ernstfall trägt.

Kapitel 3: Krisenbewältigung

Wenn die Krise Realität wird, entscheidet sich in kurzer Zeit, wie leistungsfähig die Verwaltung tatsächlich ist. Die Krisenmanagementteams stehen im Mittelpunkt: personell, organisatorisch und technisch. Ihre Arbeitsweise, Entscheidungsfähigkeit und interne Dynamik bestimmen über den Erfolg.

Ein ebenso zentrales Element ist die Krisenkommunikation. Sie ist nicht Beiwerk, sondern Führungsinstrument. Wer nicht spricht, verliert Kontrolle – über die Wahrnehmung, die Deutung und die Handlungsspielräume. Klare, transparente und ehrliche Kommunikation schafft Vertrauen – intern wie extern.

Kapitel 4: Nachbereitung und Evaluation

Keine Krise endet mit dem letzten Einsatz/der letzten Maßnahme zur Krisenbewältigung. Lernen aus Krisen ist der entscheidende Unterschied zwischen Reaktion und Weiterentwicklung. Dieses Kapitel legte dar, wie die Verwaltung ihre Erfahrungen systematisch dokumentieren, reflektieren und in Strukturen überführen kann. Nur wer sich selbst offen hinterfragt, wird besser.

Kapitel 5: Praxisbeispiele und Fallstudien

Krisen sind keine Theorie. Dieses Kapitel brachte konkrete Beispiele – von Naturkatastrophen über Pandemien bis hin zu technischen Störungen. Aus diesen Fällen lassen sich Erfolgsfaktoren ableiten: schnelle Entscheidungen, klare Kommunikation, Flexibilität, Führung und Netzwerke.

Aber auch Misserfolge wurden beleuchtet – nicht um zu urteilen, sondern um zu lernen: aus Verzögerungen, Zuständigkeitswirrwarr, fehlender Transparenz oder mangelnder Vorbereitung.

Kapitel 6: Spezielle Themen

Krisen verändern sich – technologisch, gesellschaftlich, geopolitisch. In diesem Kapitel wurden aktuelle und aufkommende Bedrohungslagen behandelt, unter anderem:

- Cyber-Security und digitale Angriffe auf kommunale IT,
- Naturkatastrophen, Pandemien, Energiekrisen als externe Belastungen,

- Interkulturelle Herausforderungen in heterogenen Gesellschaften,
- Hybride Bedrohungen, bei denen digitale, physische und psychologische Angriffsmuster kombiniert auftreten,
- Zivilschutz und zivile Alarmplanung, die in Zeiten globaler Instabilität wieder besondere Bedeutung erhalten.

Hier wurde deutlich: Krisenmanagement ist heute strategischer denn je – es braucht Weitblick, Vernetzung und Flexibilität.

Kapitel 7: Strategische Herausforderungen und übergreifende Ansätze im Bevölkerungsschutz

Dieses Kapitel bündelte zentrale strategische Herausforderungen und übergreifende Ansätze im Bevölkerungsschutz und zeigte, wie sich der klassische Katastrophenschutz an eine komplexere Sicherheitslage anpassen muss.

- Ausgehend von LÜKEX wird deutlich, wie wichtig abgestimmte Führungsstrukturen, gemeinsame Lagebilder und die Einbindung der Kommunen sind – auch wenn sie nur indirekt über Auswertungen und Planspiele beteiligt sind.
- Das Unterkapitel zeigt, dass Deutschlands diverse Gesellschaft Krisenkommunikation, Unterbringung und Vertrauen in Behörden kulturell prägen. Erfolgreicher Bevölkerungsschutz braucht daher interkulturelle Kompetenz, diverse Teams, Dialog mit Communities und mehrsprachige Kommunikation.
- Hybride Bedrohungen wie Cyber-Angriffe, Desinformation oder Sabotage stellen die Trennung von Katastrophenschutz (Länder) und Zivilschutz (Bund) infrage. Gefordert sind vernetzte Lagebilder, neue Übungen, moderne Krisenkommunikation und ein lernfähiger Bevölkerungsschutz.
- Die Abschnitte zu Zivilschutz und Verwaltung als Kritischer Infrastruktur betonen die wiedergewonnene Bedeutung der Zivilen Verteidigung und die Schlüsselrolle der Kommunen: Verwaltung ist selbst KRITIS und muss ihre eigene Handlungsfähigkeit durch Alarmplanung, Notbetriebsverfahren, Resilienz der IT und klare Verantwortlichkeiten sichern.
- Neue Technologien und Künstliche Intelligenz bieten große Chancen für Früherkennung, Lageanalyse und Entscheidungsunterstützung, schaffen aber auch neue Risiken. Entscheidend ist ihr verantwortungsvoller Einsatz, der Effizienz nutzt, ohne Sicherheit und Vertrauen zu gefährden.

Verwaltung als Rückgrat der Resilienz

In der gesamten Struktur dieses Buches zieht sich unsere Grundüberzeugung durch: Verwaltung ist mehr als Regelvollzug – sie ist in Krisenzeiten das Rückgrat der öffentlichen Ordnung, der sozialen Stabilität und des demokratischen Vertrauens. Gerade die kommunale Ebene trägt eine besondere Verantwortung:

- Sie steht der Bevölkerung am nächsten.
- Sie kennt die lokalen Gegebenheiten, Ressourcen, Schwächen.
- Sie ist Ersteinsatzkraft, Koordinierungsstelle und Ansprechpartner zugleich.

Deshalb braucht die kommunale Verwaltung nicht nur Strukturen, sondern auch Haltung – Verantwortung, Mut, Lernbereitschaft und Kommunikationsstärke.

Was bleibt: Ein Kompass für die Praxis

Dieses Lehrbuch kann und will nicht jede denkbare Lage abbilden. Es ist kein fertiges Nachschlagewerk, sondern ein **Kompass**, der Orientierung bietet:

- Was gehört zur guten Vorbereitung?
- Wie organisieren wir den Krisenstab?
- Was müssen wir kommunizieren – und wie?
- Wie lernen wir aus Fehlern?

Wenn dieses Buch in Verwaltungen aufgeschlagen wird – nicht erst in der Krise, sondern im Alltag, in der Schulung, in der Übung – dann erfüllt es seinen Zweck.

Resümee: Verwaltung in der Krise – Führung, Verantwortung, Haltung

Krisen lassen sich nicht vermeiden. Aber sie lassen sich gestalten – mit klugen Konzepten, klarer Kommunikation, gutem Personal und geübten Abläufen. Verwaltung ist kein passives Opfer von Krisen, sondern ein aktiver Teil ihrer Bewältigung.

Deshalb endet dieses Buch mit einem Aufruf – an alle, die in der kommunalen Verwaltung Verantwortung tragen:

Ein Satz, der in den Verwaltungen immer wieder zu hören ist, lautet: »Ich bin nicht zuständig!«

Wir Mitarbeitenden in den Verwaltungen sind IMMER zuständig für unsere »Kunden«, die Bürgerinnen und Bürger. Oder positiver formuliert: Ich bin zuständig für die Nöte und Sorgen der Menschen in Deutschland! Wenn die Kommune zuständig ist, in der ich arbeite, übernehme ich gerne Verantwortung.

Abkürzungsverzeichnis – Typische Abkürzungen im Bevölkerungsschutz

AAO	Allgemeine Aufbauorganisation bei der Polizei
AAR	After Action Review (Nachbesprechung)
ABC	atomar, biologisch, chemisch
ADD	Aufsichts- und Dienstleistungsdirektion Rheinland-Pfalz
AK V	Arbeitskreis V der Ständigen Konferenz der Innenminister und -senatoren der Länder; Feuerwehrangelegenheiten, Rettungswesen, Katastrophenschutz und Zivile Verteidigung
ASDN	Autorisierte Stelle Digitalfunk Niedersachsen
ASG	Arbeitssicherstellungsgesetz
ASTIM	Arbeitsstab des Innenministeriums
ATV	All-Terrain Vehicle
BABZ	Bundesakademie für Bevölkerungsschutz und Zivilschutz
BAIUDBw	Bundesamt für Infrastruktur, Umweltschutz und Dienstleistungen der Bundeswehr
BALM	Bundesamt für Logistik und Mobilität
BAO	Besondere Aufbauorganisation bei der Polizei
BBK	Bundesamt für Bevölkerungsschutz und Katastrophenhilfe
BfV	Bundesamt für Verfassungsschutz
BGB	Bürgerliches Gesetzbuch
BGH	Bundesgerichtshof
BHKG	Gesetz über den Brandschutz, die Hilfeleistung und den Katastrophenschutz
Biwapp	App zur Warnung und Information der Bevölkerung
BLG	Bundesleistungsgesetz
BMAS	Bundesministerium für Arbeit und Soziales
BMG	Bundesministerium für Gesundheit
BMI	Bundesministerium des Innern
BMVg	Bundesministerium der Verteidigung
BOS	Behörden und Organisationen mit Sicherheitsaufgaben
BPol	Bundespolizei
BPolG	Bundespolizeigesetz
BSI	Bundesamt für Sicherheit in der Informationstechnik

BSIG	Gesetz über das Bundesamt für Sicherheit in der Informationstechnik
BSI KritisV	Verordnung zur Bestimmung Kritischer Infrastrukturen nach dem BSI-Gesetz
BVerfG	Bundesverfassungsgericht
Bw	Bundeswehr
CBRN	chemisch, biologisch, radioaktiv, nuklear
CBRN-MANV	MANV mit CBRN-kontaminierten Betroffenen
CER-Richtlinie	Critical Entities Resilience-Richtlinie
CERT	Computer Emergency Response Team
Dekon	Dekontamination
Dekon-G	Dekontamination von Geräten
Dekon-P	Dekontamination von Personal
Dekon-V	Dekontamination für Verletzte
DGKM	Deutsche Gesellschaft für Katastrophenmedizin e. V.
DGSMTech	Deutsche Gesellschaft zur Förderung von Social Media und Technologie im Bevölkerungsschutz e. V.
DKIM	DomainKeys Identified Mail
DMARC	Domain-based Message Authentication, Reporting and Conformance
DSB	Datenschutzbeauftragter
DSGVO	Datenschutz-Grundverordnung der EU
DWD	Deutscher Wetterdienst
EA	Einsatzabschnitt
EBV	Erdölbevorratungsverband
EDR	Endpoint Detection and Response
EHSH	Kurse zur Ersten Hilfe und Selbsthilfe
eLSM	erweiterte Lebensrettende Sofortmaßnahmen
EnSiG	Energiesicherungsgesetz
ErdölBevG	Erdölbevorratungsgesetz
EDR	Endpoint Detection and Response
EDSA	Europäischer Datenschutzausschuss
ESVG	Ernährungssicherstellungs- und -vorsorgegesetz
FD	Fachdienst
FEM	Führungs- und Einsatzmittel der Polizei
FGr	Fachgruppe des THW
FGr B	Fachgruppe Bergung des THW
FGr E	Fachgruppe Elektroversorgung des THW

FGr I	Fachgruppe Infrastruktur des THW
FGr N	Fachgruppe Notversorgung/Notinstallation des THW
FGr R	Fachgruppe Räumen des THW
FGr SB	Fachgruppe Schwere Bergung des THW
FGr Sp	Fachgruppe Sprengen des THW
Fgr TW	Fachgruppe Trinkwasserversorgung des THW
FGr W	Fachgruppe Wassergefahren des THW
FGr WP	Fachgruppe Wasserschaden/Pumpen des THW
FÖS	Forschungsforum Öffentliche Sicherheit
FwDV	Feuerwehrdienstvorschrift
FZ FK	Fachzug Führung/Kommunikation des THW
FZ Log	Fachzug Logisitk des THW
GDPR	General Data Protection Regulation
GG	Grundgesetz
GIS	Geoinformationssysteme
GoA	Geschäftsführung ohne Auftrag
GPS	Global Positioning System
gSE	größere Schadenslage bei der Polizei
GSE/K	Große Schadenslagen der Polizei/Katastrophen
HBV Anlage	Anlagen zum Herstellen, Behandeln und Verwenden wassergefährdender Stoffe
HFS	Hytrans Fire System Pumpen
HVB	Hauptverwaltungsbeamter
IBC Tanks	Intermediate Bulk Container
ICS	Industrial Control Systems
IfSG	Gesetz zur Verhütung und Bekämpfung von Infektionskrankheiten beim Menschen
IfSGMeldeVO	Meldeverordnung nach dem Gesetz zur Verhütung und Bekämpfung von Infektionskrankheiten beim Menschen
IKT	Informations- und Kommunikationstechnik
INSARAG	International Search and Rescue Advisory Group
ISMS	Information Security Management System
IuK	Information und Kommunikation
IWWB	InfoWeb Weiterbildung
KATAL	Katastrophenalarm
KATWARN	Warn- und Informationssystem
KdoTABw	Kommando für Territoriale Aufgaben der Bundeswehr
KPI	Key Performance Indicator

KRITIS	Kritische Infrastrukturen
LebEL	Lebensbedrohliche Einsatzlagen
LfU	Landesamt für Umwelt
LKatSG MV	Gesetz über den Katastrophenschutz in Mecklenburg-Vorpommern
Lkdo RP	Landeskommando der Bundeswehr Rheinland-Pfalz
LSM	Lebensrettende Sofortmaßnahmen
LUP	Landkreis Ludwigslust Parchim in Mecklenburg-Vorpommern
MANV	Massenanfall von Verletzten
MILKATAL	Militärischer Katastrophenalarm
MoU	Memorandum of Understanding
MoWaS	Modulares Warnsystem des Bundes
NAC	Network Access Control
NBrandSchG	Niedersächsisches Gesetz über den Brandschutz und die Hilfeleistung der Feuerwehr
NINA	Notfall-Informations- und Nachrichten-App des Bundes
NKatSG	Niedersächsisches Katastrophenschutzgesetz
NLBK	Niedersächsisches Landesamt für Brand- und Katastrophenschutz
NPOG	Niedersächsisches Polizei- und Ordnungsbehördengesetz
OAuth	Open Authorization
OFK	Operatives Führungskommando
OPZ	Operationszentrale
OT	Operational Technology
OV	Ortsverband des THW
PDV	Polizeidienstvorschrift
PRIOR	Primäres Ranking zur Initialen Orientierung im Rettungsdienst
PSA	Persönliche Schutzausrüstung
PSG	Postsicherstellungsgesetz
PSG	Postgesetz
PSNV	Psychosoziale Notfallversorgung
PSNV B	Psychosoziale Notfallversorgung für Betroffene
PSNV E	Psychosoziale Notfallversorgung für Einsatzkräfte
PSU	Psychosoziale Unterstützung
S1	Stabsbereich 1 (nach FwDV 100 – Personal/Innerer Dienst
S2	Stabsbereich 2 (nach FwDV 100 – Lage)
S3	Stabsbereich 3 (nach FwDV 100 – Einsatz)
S4	Stabsbereich 4 (nach FwDV 100 – Versorgung)
S5	Stabsbereich 5 (nach FwDV 100 – Presse- und Medieninformation)

S6	Stabsbereich 6 (nach FwDV 100 – Informations- und Kommunikationswesen)
SaaS	Software as a Service
SächsBRKG	Sächsisches Gesetz über den Brandschutz, Rettungsdienst und Katastrophenschutz
SAE	Stab für außergewöhnliche Ereignisse
S-Funktion	Funktion in einem Stabsbereich
SGB	Sozialgesetzbuch
SIEM	Security Information and Event Management
SLA	Service Level Agreement
SOAR	Security Orchestration, Automation and Response
SOP	Standard Operating Procedure
SPF	Sender Policy Framework
SSO	Single Sign-On
StGB	Strafgesetzbuch
T-CPR	Telefonreanimation
TEL	Technische Einsatzleitung
TerrFüKdo	Territoriales Führungskommando der Bundeswehr; heute OFK
THW	Bundesanstalt Technisches Hilfswerk
TKG	Telekommunikationsgesetz
Tr	spezialisierter Trupp des THW
TZ	Technische Züge des THW
ÜMANV-S	nachbarliche Soforthilfe im Rettungsdienst in NRW
VdF	Verband der Feuerwehren in NRW e. V.
VerkLG	Verkehrsleistungsgesetz
VerkSiG	Verkehrssicherstellungsgesetz
V-Fall	Verteidigungsfall
vfdb	Vereinigung zur Förderung des Deutschen Brandschutzes
VOST	Virtual Operations Support Team
VwVfG	Verwaltungsverfahrensgesetz
WasSiG	Wassersicherstellungsgesetz
WiSiG	Wirtschaftssicherstellungsgesetz
WPflG	Wehrpflichtgesetz
ZMZ	Zivil-Militärische Zusammenarbeit
ZOES	Zukunftsforum Öffentliche Sicherheit e. V.
ZSKG	Gesetz über den Zivilschutz und die Katastrophenhilfe des Bundes
ZTr	Zugtrupp

Literaturverzeichnis

Bentham, J.: An Introduction to the Principles of Morals and Legislation, 1789.

Bundesamt für Bevölkerungsschutz und Katastrophenhilfe (BBK): Leitfaden Krisenkommunikation, Bonn, 2020.

Bundesamt für Bevölkerungsschutz und Katastrophenhilfe (BBK): Rahmenkonzeption für den CBRN-Schutz (ABC-Schutz) im Bevölkerungsschutz, 2014/2016.

Bundesamt für Bevölkerungsschutz und Katastrophenhilfe (BBK): Risikoanalyse im Bevölkerungsschutz. Ein Stresstest für die Allgemeine Gefahrenabwehr und den Bevölkerungsschutz, in: Praxis im Bevölkerungsschutz, Band 16, Bonn, 2. Auflage 2019, online abrufbar unter: https://www.bbk.bund.de/SharedDocs/, zuletzt aufgerufen am: 06.02.2026.

Bundesamt für Bevölkerungsschutz und Katastrophenhilfe (BBK): Methode für die Risikoanalyse im Bevölkerungsschutz, in: Wissenschaftsforum, Band 8, Bonn 2010, online abrufbar unter: https://www.bildungsinstitut-rlp.drk.de/, zuletzt aufgerufen am: 06.02.2026.

Bundesamt für Bevölkerungsschutz und Katastrophenhilfe (BBK): Auswertebericht LÜKEX 18: Gasmangellage in Süddeutschland, Berlin, 2019, online abrufbar unter: https://www.bbk.bund.de/, zuletzt aufgerufen am: 06.02.2026.

Bundesamt für Bevölkerungsschutz und Katastrophenhilfe (BBK): Glossar, online abrufbar unter: https://www.bbk.bund.de/, zuletzt aufgerufen am: 06.02.2026.

Bundesministerium für Gesundheit (BMG): Informationsstrategie zur Pandemiebekämpfung, Berlin, 2021.

Center for Disease Control and Prevention (CDC): Crisis and Emergency Risk Communication (CERC) Manual, Atlanta, 2018.

Clausen, L., Geenen, E. M., Macamo, E.: Entsetzliche soziale Prozesse: Theorie und Empirie der Katastrophe, 2003.

Freudenberg, D.: »Stabs- und Organisationsstrukturen« und »Führung und Krisenmanagement«, in: Freudenberg/von Lewinski (Hrsg.): Handbuch Bevölkerungsschutz: Grundlagen, Recht, Praxis, München, 2024.

Gross, P., Steppat, T.: Lange Wartezeiten: Wo bleibt der Notarzt?, in: FAZ, 26. Juli 2025, online abrufbar unter: https://www.faz.net/aktuell/, zuletzt aufgerufen am: 06.02.2026.

Harmsen, T., Henkel, A.: Soziologische Perspektive, in: Freudenberg/von Lewinski (Hrsg.): Handbuch Bevölkerungsschutz: Grundlagen, Recht, Praxis, München, 2024.

Mill, John Stuart: Utilitarianism, 1863.

Oeckl, A.: Handbuch der Public Relations: Theorie und Praxis der Öffentlichkeitsarbeit in Deutschland und der Welt, Hamburg 1964.

Parrish, S.: Wer klar denkt, entscheidet besser, München, 2024.

Robert Koch-Institut (RKI): Kommunikationsstrategie des RKI während der COVID-19-Pandemie, Berlin, 2021.

Weichselgartner, J., Karutz, H.: Erkenntnisgewinnung im Bevölkerungsschutz, in: Karutz, H., Geier, W., Mitschke, T. (Hrsg.): Bevölkerungsschutz: Notfallvorsorge und Krisenmanagement in Theorie und Praxis, Heidelberg, 2017.

World Health Organization (WHO): Communicating Risk in Public Health Emergencies, Geneva, 2018.

Stichwortverzeichnis

Kohlhammer